Verständliche Wissenschaft

Zweiundzwanzigster Band

Biologie der Fortpflanzung im Tierreiche

Von

Ulrich Gerhardt

Berlin · Verlag von Julius Springer · 1934

Biologie der Fortpflanzung im Tierreiche

Von

Dr. med. et phil. Ulrich Gerhardt

Professor an der Martin‑Luther‑Universität
Halle‑Wittenberg

1. bis 5. Tausend

Mit 47 Abbildungen

Berlin · Verlag von Julius Springer · 1934

ISBN 978-3-642-89071-0   ISBN 978-3-642-90927-6 (eBook)
DOI: 10.1007/978-3-642-90927-6

Vorwort.

Es fehlt im deutschen wissenschaftlichen Schrifttum gewiß nicht an zusammenfassenden Werken über die Tatsachen der tierischen Fortpflanzung, doch verlangt ihr Studium Kenntnisse auf dem Gebiet der Zoologie, die ihre Verbreitung in weite Leserkreise erschweren.

Wenn ich daher der Aufforderung des Herrn Herausgebers dieser Sammlung, ein allgemeinverständliches kleines Buch über die Biologie der Fortpflanzung zu schreiben, gern nachgekommen bin, so geschah dies in der Hoffnung, daß dies Bändchen gerade dem, der nicht Fachmann ist, mit dazu werde verhelfen können, sich über ein Gebiet zu belehren, das von jeher weitgehendes Interesse bei allen den Menschen erregt hat, die den Wundern der belebten Natur nicht teilnahmlos gegenüberstehen, und das, wie kaum ein anderes, die unerschöpfliche Mannigfaltigkeit der Erscheinungen zeigen kann, die der Schaffung und Erhaltung des Lebens dienen. Eine besondere Freude wäre es mir, wenn dies Büchlein den Leser zu eigenen Beobachtungen auf dem Gebiete anregen würde, das es, ohne jeden Anspruch auf Vollständigkeit, in seinen Umrissen darstellen will. Denn nur die Beschäftigung mit dem lebenden Tier kann eine wirkliche Vorstellung von der Fülle, der Buntheit und oft der Seltsamkeit der Lebenserscheinungen geben.

Gerade deshalb war ich bemüht, soweit irgend möglich, solche Erscheinungen als Beispiele in den Vordergrund zu stellen, die an einheimischen Tieren mit einfachen Mitteln von jedem nachgeprüft werden können, der die Mühe nicht scheut, im Freien oder an gefangenen Tieren selbst einen Teil seiner Zeit für biologische Beobachtungen zu verwenden. Daß dabei meine eigenen langjährigen Beobachtungen ausgiebig mit verwertet wurden, wird, so hoffe ich, die Anschaulichkeit der Schilderung erhöhen können. Wenn daher diese Zeilen dazu dienen sollten, Freude an der Beobachtung des lebenden Tieres zu wecken und den Beobachter zur Vertiefung in die Fragen anzuregen, die hier nur kurz behandelt werden konnten, so wäre ihr Zweck erfüllt.

Dem Herrn Verleger habe ich zu danken für sein weitgehendes Entgegenkommen bei der Ausstattung dieses Bändchens.

Gamburg an der Tauber, 22. September 1933.

Ulrich Gerhardt.

Inhaltsverzeichnis.

Einleitung.

Die Fortpflanzung der Tiere, wie die der Lebewesen überhaupt, also auch der Pflanzen, hat von jeher als einer der
merkwürdigsten und reizvollsten, allerdings auch der am
schwersten verständlichen Vorgänge in der Welt des Lebenden, den Menschengeist beschäftigt, und man kann wohl
sagen, daß Fragen, die sich um die Fortpflanzungserscheinungen der Tiere — und des Menschen, der sich ja in solchen
Dingen dem Tiere anschließt — drehen, im Vordergrunde der
heutigen biologischen Forschung stehen.

Erst dem forschenden Geist des oft so vielgeschmähten
19. Jahrhunderts, dem die Wissenschaft vom Leben so unendlich viel große Entdeckungen verdankt, und dem be-
ginnenden 20. war es vorbehalten, die geheimnisvollsten Erscheinungen der Fortpflanzung, die Reifung und Befruchtung
der Keimzellen, ihre Beziehungen zu den heute so stark be-
tonten Vorgängen der Vererbung, zwar keineswegs in ihrem
Wesen aufzuklären, aber doch in ihren verfolgbaren Erscheinungen unserem Verständnis zugänglich zu machen und
so wenigstens dem Menschengeiste die Möglichkeit zu geben,
sich in eigener gedanklicher Verknüpfung des Erforschten
Zusammenhänge zu suchen, vielleicht auch sie wirklich zu
finden, die zwischen allen diesen Vorgangsreihen bestehen.

Mit Recht stehen diese Fragen nach dem innersten Wesen
der Fortpflanzung im Vordergrunde des Interesses unserer
Zeit. Feinste Untersuchungen am Mikroskop sind die Vor-
bedingung zu jedem Versuche ihrer Lösung. Daneben ver-
dienen aber auch die durch Beobachtung des lebenden un-
verletzten, nicht wissenschaftlichen Versuchen unterworfenen
Tieres gewonnenen Ergebnisse ein hervorragendes Interesse,
die sich mit den äußerlich wahrnehmbaren Erscheinungen
der Fortpflanzung beschäftigen und die zum Teil durch die

tägliche Erfahrung des Lebens dem Menschen nahe gebracht werden. Das nennen wir im engeren Sinne die *„Biologie" der Fortpflanzung.* Das griechische Wort Biologie, das eigentlich ganz allgemein die Lehre vom Leben bedeutet, wird in verschiedenem Sinne angewandt. Wir fassen die Lehre von den Tieren, die Zoologie, und die von den Pflanzen, die Botanik, als *biologische Wissenschaften* im Gegensatz zu den sogenannten „exakten" (Physik, Chemie) zusammen, um zu sagen, daß sie sich mit den lebenden Wesen und den Erscheinungen ihres Lebens befassen. Das ist der *weitere* Sinn des Wortes Biologie. Im *engeren* Sinne, vielfach heute durch das Wort „Ökologie", Haushaltslehre, ersetzt, reden wir von einer Biologie der Tiere (und der Pflanzen) in der oben angegebenen Bedeutung, der Lehre von den Äußerungen des tierischen (und pflanzlichen) Lebens, wie sie eben den Inhalt des täglichen Daseins ausmachen. Dazu gehören Nahrungsaufnahme, Atmung, Bewegungsweise und die Erscheinungen der Fortpflanzung, die zur Zeugung gleich oder doch sehr ähnlich gestalteter Nachkommen einer Art führen.

Wir werden uns in den Zeilen dieses Büchleins nur mit den mit bloßem Auge sichtbaren Erscheinungen der *tierischen* Fortpflanzung beschäftigen, und wir wollen versuchen, diese Erscheinungen in ihrer unendlichen Mannigfaltigkeit durch die Stämme des Tierreiches hindurch zu verfolgen, vom Einfacheren zum Schwierigeren und Verwickelteren aufsteigend, ohne bei der schier unübersehbaren Fülle des Stoffes Anspruch auf auch nur einige Vollständigkeit zu erheben.

Wir werden uns dabei eines von vornherein vergegenwärtigen müssen: die Fortpflanzung der aus vielen Zellen zusammengesetzten Tiere beruht zum größten Teil auf der Tätigkeit von kleinen Lebenseinheiten, die wir *Geschlechts-* oder *Keimzellen* nennen, und die bestimmt sind, sich in dem *Befruchtungsvorgang* zu vereinigen und dadurch die Entwicklung eines neuen Lebewesens erst zu ermöglichen. Daher werden wir uns zum Verständnis der uns im besonderen angehenden Vorgänge ganz kurz mit den Haupterscheinungen der Geschlechtsvorgänge in ihrer einfachsten und stammesgeschichtlich ältesten Form beschäftigen müssen.

Geschlechtliche und ungeschlechtliche Fortpflanzung.

Das Wesen aller Fortpflanzungserscheinungen besteht darin, daß ein Lebewesen, sei es Tier oder Pflanze, aus seinem Körperbestande heraus die nötige Menge von Stoff abgibt, der genügt, um ein neues Lebewesen der gleichen Art zustande zu bringen. Man hat daher gesagt, die Fortpflanzung sei ein Wachstum über das Maß des Einzelwesens hinaus. Jedes Tier braucht während seiner ersten Lebensabschnitte die aufgenommene Nahrung, um mit ihrer Hilfe in stetem An- und Abbau von Stoff seinen Körper bis zu dem Maße zu vergrößern, das wir als die innerhalb geringer Schwankungen festgesetzte *Artgröße* bezeichnen können. Auch dann, wenn das Tier diese Größe erreicht hat, also „erwachsen" ist, wie wir es nennen, fährt es, wie jedermann weiß, fort, sich zu ernähren, aber es wächst nicht mehr, sondern es hält sich längere oder kürzere Zeit in einem gewissen Gleichgewicht. Und doch ist es gerade jetzt erst imstande, über sein eigenes Maß insofern hinauszuwachsen, als es von den Bausteinen, die seinen Körper zusammensetzen, seinen *Zellen*, abgeben kann, um ein neues Lebewesen zu gründen. Wenn ein Tier also Nachkommen hervorbringt, so wächst es über seinen eigenen Bedarf in den neu gezeugten Kindern fort.

Nun sind aber alle Lebensvorgänge *Zell*vorgänge, d. h. das Leben in seinen vielseitigen Erscheinungen ist bereits enthalten in der kleinsten selbständigen Lebenseinheit, die wir kennen, der Zelle. Aber nur in einer Form kann tatsächlich eine einzige Zelle alle Lebensvorgänge ausüben, nämlich dann, wenn diese Zelle gleichzeitig ein selbständiges Lebewesen ist, also als einzelliges Tier (oder auch als einzellige Pflanze). Das bekannteste Beispiel einzelliger Tiere sind die sogenannten Aufgußtierchen (Infusorien), die in faulendem Heu, Kleister u. dgl. unter dem Vergrößerungsglas leicht in Mengen zu sehen sind. Alles, was das tierische Leben zusammensetzt, Bewegung, Atmung, Ernährung, Arbeit im Sinne der Muskelleistung, wenn auch in einfacherer Form, Bewegung, Ausscheidung, das findet sich hier in einer Zelle vereinigt, d. h.

in einer kleinen begrenzten Masse lebender Substanz (des Protoplasmas), in dem als räumlicher und Kraftmittelpunkt der *Zellkern* liegt.

Die Erscheinungen der *Fortpflanzung*, die ja einen sehr wesentlichen, wenn nicht den wesentlichsten Teil tierischen Lebens bilden, sind nun für die Einzelligen sehr einfach: wenn eine derartige Zelle das Maß ihres Wachstums erfüllt hat, kommt es bei ihr zu einer *Teilung* in zwei Hälften, von

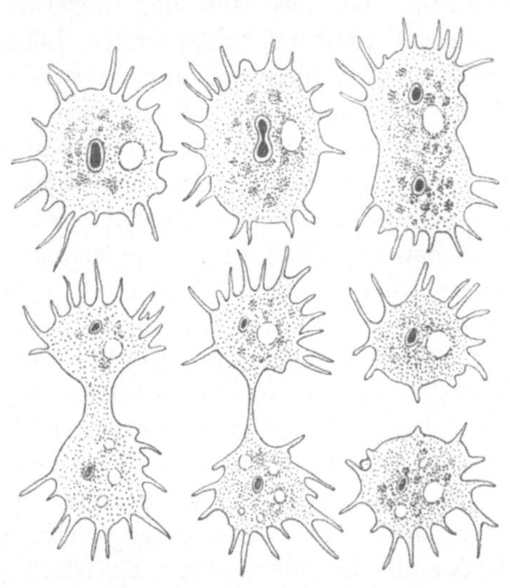

Abb. 1. Sechs Stadien der Teilung eines einzelligen Tieres.
(Nach Goldschmidt, Fortpflanzung der Tiere.)

denen jede wiederum ein einzelliges, bis auf die Größe dem Muttertier gleiches Lebewesen ist, das nun die Artgröße durch Wachstum wieder erreichen muß. Was aber wird aus dem Muttertier? Diese Frage und ihre Beantwortung ist wichtig, da in ihr einer der größten Gegensätze zwischen Ein- und Vielzelligen sich ausdrückt. Nun, das Muttertier hat aufgehört zu sein, es lebt als solches nicht mehr weiter, aber es lebt dennoch weiter, in Gestalt seiner beiden Tochterzellen. Jede von ihnen ist nun ihrerseits wieder imstande, den gleichen Vorgang zu wiederholen, so daß im Laufe der Ge-

4

schlechter eine stattliche, grundsätzlich unbegrenzte, aber natürlich den Mißgeschicken des Daseins ausgesetzte Zahl von Nachkommen unseres Ausgangstieres lebt, die dessen Erben im vollsten Sinne des Wortes darstellen. Denn sie enthalten die Körpermaße ihrer Ahnin in immer kleiner werdendem Bruchteil in sich selbst mit allen Arteigenschaften. Noch eines lehrt uns dieser einfache Fall: Fortpflanzung ist *Zellvermehrung*, zu der dann noch *Wachstum* hinzukommt.

Nun können wir aber an Einzelligen noch etwas anderes feststellen, was ebenso wichtig für unsere weiteren Betrachtungen sein wird: von Zeit zu Zeit können wir in einer Ansiedlung von Urtieren unter dem Vergrößerungsglas beobachten, wie das genaue Gegenteil einer Zellteilung, also einer Zellvermehrung, auftritt, nämlich der Vorgang einer *Zellverschmelzung*. Es soll hier nicht auf Einzelheiten eingegangen werden, sondern nur das für das Verständnis der Fortpflanzung vielzelliger Tiere Wichtige hervorgehoben werden. Man sieht zuweilen zwei äußerlich gleiche Urtiere sich eng zusammenfügen, mit ihren Zelleibern verschmelzen, und bei genauerer Untersuchung wird man finden, daß vor einer Verschmelzung der Zell*kerne*, die den wesentlichsten Teil dieser Erscheinungen darstellt, sich an diesen ganz bestimmte Umbildungen zeigen, die die Kernmasse auf die Hälfte vermindern. So setzt jedes der beiden Tiere seinen Kern gewissermaßen auf einen Halbkern herab, und diese beiden Hälften bilden in dem geschilderten Verschmelzungsvorgang nun einen neuen Kern, der natürlich anders zusammengesetzt sein muß als der jedes einzelnen der beiden *Geschlechtswesen* — oder *Gameten*, wie wir zwei solche Partner nennen — vor ihrer Vereinigung.

Schon bei Einzelligen kann es nun zu einer Arbeitsteilung zwischen den beiden Paarlingen kommen insofern, als einer der beiden beweglich, klein und lebhaft, der andere groß, ruhend und untätig wird, so daß bei der Zellverschmelzung, wie wir sagen, der große Partner vom kleinen *befruchtet* wird. Wir nennen den größeren, untätigen Gameten *weiblich*, den kleinen beweglichen *männlich*.

Bei den vielzelligen Tieren ist da, wo geschlechtliche Fortpflanzung auftritt, immer dieser Zustand der Geschlechtszellen vorhanden, und wir nennen ein Lebewesen, das nur männliche Geschlechtszellen, *Samenzellen*, hervorbringt, einen *männlichen*, ein solches, das nur weibliche Keimzellen, *Eier*, liefert, einen *weiblichen Organismus*, ein solches endlich, das beide Arten von Zellen in seinem Körper vereinigt, einen *Zwitter* (Hermaphroditen).

In einem zwittrigen Tier (die bekanntesten Beispiele sind aus der einheimischen Tierwelt die Weinbergschnecke und der Regenwurm) können nun zwei Möglichkeiten verwirklicht sein, zu deren Verständnis wir etwas weiter ausholen müssen.

Die Keimzellen können, bei sehr niedrigen Tierformen, an sehr verschiedenen Stellen des Körpers reifen, so daß nicht von einem eng umschriebenen Entstehungsort gesprochen werden kann. Bei allen einigermaßen höher entwickelten Tieren dagegen sind es ganz bestimmte, oft in Drüsenform ausgebildete Stellen des Körpers, die allein zur Hervorbringung der Keimzellen befähigt sind. Nun kommt es darauf an, ob diese *Gonaden* oder *Keimdrüsen*, wie sie gewöhnlich genannt werden, Samenzellen oder Eier hervorbringen, oder ob sich in ihnen etwa beide Arten von Keimzellen finden.

Wenn eine Keimdrüse nur Samenzellen liefert, heißt sie männliche Keimdrüse oder *Hoden*, enthält sie nur Eizellen, ist sie eine weibliche Keimdrüse oder ein *Eierstock*. Die dritte Möglichkeit, damit eine der oben für Zwitter als denkbar angegebenen, ist die, daß Samen- und Eizellen in derselben Drüse reifen. Das finden wir bei der Weinbergschnecke, die eine *Zwitterdrüse* besitzt. Bei einer anderen Reihe von zwittrigen Tieren sehen wir jedoch eine ganz andere Anordnung (z. B. beim Regenwurm und Blutegel), nämlich die, daß in demselben Tier Hoden und Eierstöcke enthalten sind.

Nun war vorhin gesagt worden, Fortpflanzung beruhe immer auf Zellvermehrung und Wachstum, aber auch, Geschlechtsvorgänge, die sich im Grunde immer an *Zellen* abspielen, seien das Gegenteil davon. Das ist an sich immer zutreffend, aber gerade im Leben der vielzelligen Tiere haben sich die beiden Arten von Vorgängen in eine so enge Wechselbeziehung gestellt, daß man geradezu von einer *ge-*

6

schlechtlichen Fortpflanzung redet. Wie erklärt sich dieser scheinbare Widerspruch?

Bei den Einzelligen hatten wir die Geschlechtsvorgänge als eingeschoben zwischen die eine Vermehrung bedeutenden Teilungsvorgänge der Zellen kennengelernt. Stellen wir uns nun vor, daß beide Erscheinungen nicht unabhängig voneinander ablaufen, sondern daß ganz regelmäßig und notwendig eine Zellteilung, die zur Fortpflanzung führt, daran gebunden ist, daß ihr ein Geschlechtsvorgang, bei vielzelligen Tieren die *Befruchtung des Eies* durch eine Samenzelle, vorangeht, so ist damit kurz das Wesen der geschlechtlichen Fortpflanzung der höheren Tierformen gekennzeichnet. Nur müssen wir uns den großen, grundsätzlichen Unterschied klarmachen, der zwischen ein- und vielzelligen Lebewesen in diesem Punkte besteht:

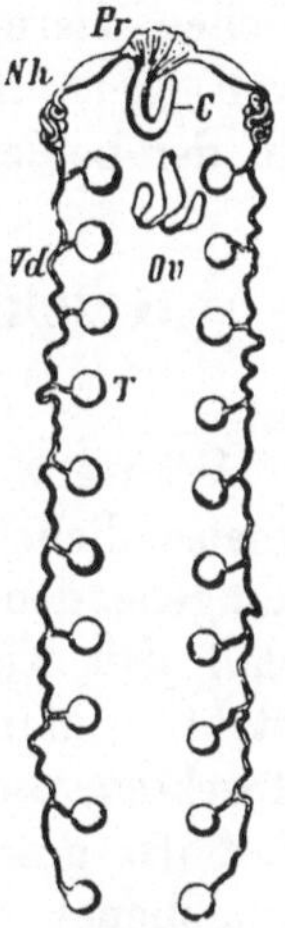

Wir sahen, daß die Tochterzellen eines Urtiers nicht beisammen bleiben, sondern als selbständige Lebewesen unabhängig voneinander, jede für sich, ihr Dasein weiterführen. Ist eine Eizelle eines vielzelligen Tieres durch eine Samenzelle der gleichen Tierart befruchtet worden, so beginnt die aus der Vereinigung beider entstandene Zelle, das *befruchtete Ei*, sich zu teilen, es fängt also der eigentliche Vermehrungsvorgang an; aber die Tochterzellen bleiben in diesem Falle vereinigt, sie wachsen und leben gewissermaßen auf das Ziel hin, aus ihrer Gesamtzahl, die zuletzt viele Millionen beträgt, durch

Abb. 2.
Geschlechtsorgane des Blutegels. *Ov* weibliche, *Vd*, *Nh*, *Pr*, *C* männliche Organe. (Aus ClausGrobbenKühn, Zoologie, 10. Aufl.)

Sonderung in verschiedene Zell- und Gewebsarten den tierischen Organismus mit allen Merkmalen seiner Art aufs neue aufzubauen. So steht hier die Befruchtung, der Geschlechtsvorgang im eigentlichen Sinne, an der Wurzel der *Entwicklung* eines oder mehrerer Lebewesen, und damit ist sie in den Lebenskreis einer Tierform so eng eingeschaltet, daß wir mit vollem Recht von einer geschlechtlichen Fortpflanzung oder von einer Fortpflanzung durch Geschlechts- oder Keimzellen sprechen können. Damit sind wir zu dem Punkte gekommen, daß wir verstehen können, wie die Tätigkeit von reifen Tieren (von den Urtieren soll in Zukunft abgesehen werden, und es sind immer vielzellige gemeint) bei der geschlechtlichen Fortpflanzung in erster Linie (und oft ausschließlich) in der Hervorbringung von Keimzellen besteht, der männlichen Tiere in der von Samenzellen, der weiblichen in der von Eiern im Falle der Geschlechtertrennung, bei Zwittern in der beider.

Geschlechtertrennung und Zwittertum im Tierreich.

Während wir gewohnt sind, nach den Erfahrungen im menschlichen Leben und den aus der Beobachtung der uns umgebenden Tierwelt den Zustand für die Regel zu halten, daß jede Tierart aus männlichen und weiblichen Wesen besteht — man denke nur an unsere Haustiere, alle Vögel und Insekten, die wir im Freien antreffen —, so lehrt ein Blick auf das gesamte Tierreich, daß auch das Zwittertum sich in ungeheuer weiter Verbreitung findet; nur sind die Zwitterformen viel häufiger unter den Meerestieren als den landbewohnenden und, außer den beiden erwähnten leicht zu beobachtenden Beispielen der Landlungenschnecken, zu denen unsere Weinbergschnecke gehört, der Regenwürmer, sodann auch der Blutegel, daher unseren Blicken weniger zugänglich, ebenso wie die zahlreichen zwittrigen Schmarotzer (das bekannteste Beispiel bilden wohl die auch im Menschen in einigen Formen vertretenen *Bandwürmer*), die in der Tiefe anderer tierischer Körper ihr lichtscheues Dasein führen.

Wenn wir uns fragen, ob in der Stammesgeschichte der Tiere die Zwitter oder die getrenntgeschlechtlichen Formen zuerst aufgetreten sein werden, so ist diese Frage schwer oder nicht zu beantworten, da wir unter den Tieren, die wir vielleicht als die Vertreter der ältesten Formen betrachten dürfen, beide Zustände schon antreffen. Es gibt wohl keinen Stamm des Tierreiches, in dem sich nicht Zwittertiere fänden, selbst bei den Wirbeltieren, bei denen sonst (Vögel,

Säugetiere usw.) die Geschlechtertrennung die allein herrschende Regel darstellt, gibt es seltene Vorkommnisse des Zwittertums. Es scheint der viel einfachere Zustand zu sein, wenn jedes Tier die zur Befruchtung seiner Eier nötigen Samenzellen selbst zu liefern imstande ist, und wir werden uns fragen, weshalb der Umweg über zwei Geschlechtstiere so häufig von der Natur beschritten worden ist, wenn überhaupt die Möglichkeit besteht, daß ein Organismus beiderlei Arten von Geschlechtszellen hervorbringt und dadurch doch anscheinend in den Stand gesetzt wird, die von ihm abgegebenen Eizellen selbst zu befruchten.

Die Antwort auf diese Frage wird zum einen Teil durch die Tatsache gegeben, daß im Pflanzen- wie im Tierreich diese *Selbstbefruchtung* lange nicht so oft vorkommt, wie es zu vermuten wäre. Zahllos sind die Wege, die gegangen werden, um die Selbstbestäubung der Pflanzen zu verhindern, und die hochentwickelten und auch verwickelten Beziehungen zwischen blütenbesuchenden Insekten und der Befruchtung der Pflanzen zeigen am deutlichsten, daß oft erstaunliche Hilfsmittel aufgebracht werden, um zu verhindern, daß eine Blüte ihren eigenen Blütenstaub auf ihren Fruchtknoten bringt. Auch im Tierreich dürfte unter normalen Umständen, d. h. beim freien, nicht in Gefangenschaft gezüchteten Zwitterorganismus, Befruchtung von einem Zwitter zum anderen, sei es einseitig oder wechselseitig, viel häufiger sein als die Vorgänge der Selbstbefruchtung, die allerdings, wie bei den Pflanzen, in einer Reihe von Fällen nachgewiesen werden konnte. Auf diese Frage soll nachher noch etwas genauer eingegangen werden.

Wenn aber Selbstbefruchtung von Zwittern überhaupt möglich ist, dann bleibt die aufgeworfene Frage bestehen, weshalb sie selbst bei der dazu gegebenen Gelegenheit so oft bei Zwittertieren nicht ausgenutzt wird und weshalb es so viele getrenntgeschlechtliche Tiere gibt. Und da scheint, wenn auch nicht im einzelnen nachweisbar, doch oft in der Selbstbefruchtung eine Gefahr für den gesunden Bestand der Nachkommenschaft zu liegen, außerdem kennen wir Fälle, in denen das Ei einer zwittrigen Tierart von dem eigenen Samen gar nicht befruchtet werden kann, sondern eine Vereinigung dieser Keimzellen gar nicht erst eintritt. So ist es der Fall bei einer Seescheide, die häufig in Seewasseraquarien des Binnenlandes gehalten wird, während bei vielen ihrer Verwandten Selbstbefruchtung durchaus möglich ist und wahrscheinlich auch im Freien oft genug vorkommt. Wenn aber ein Zwitter nicht fähig ist, sich selbst zu befruchten, sondern, wie Weinbergschnecke, Regenwurm und Blutegel, auf einen Partner angewiesen ist, mit dem er Samenzellen zur Befruchtung von dessen Eizellen austauschen muß, so hat sein Zwittertum zweifellos den für die Art günstigen Erfolg, daß die Zahl der entwicklungsfähigen Keime verdoppelt wird, während alle — von uns anzunehmenden — günstigen Einflüsse der Fremdbefruchtung vorhanden sein müssen. Trotzdem ist die Geschlechtertrennung außerordentlich weitverbreitet, und man kann es wohl so ausdrücken, daß sie in vielen Stämmen des Tierreiches sich gegen das Zwittertum im allgemeinen siegreich durchgesetzt habe.

Jede Fremdbefruchtung erhöht die Möglichkeit gegenüber der Selbstbefruchtung, daß bei der Verschmelzung der Keimzellen, also im befruchteten Ei, neue Zellkernbestandteile zusammentreffen, die wir als Träger der Vererbung ansehen, und des fortwährenden Schaffens von Neuem, das innerhalb der Art bei voller Wahrung ihre wesentlichen Eigenschaften doch im einzelnen und unwesentlicheren die Möglichkeit der Verschiedenheit der Artgenossen in höherem Maße gewährleistet, als es bei Selbstbefruchtung möglich wäre.

So ist bei der überwiegenden Zahl der sich geschlechtlich fortpflanzenden Tiere nötig, daß zwei Organismen, getrenntgeschlechtliche oder zwittrige, zusammenwirken, um ihre Keimzellen zur Verschmelzung zu bringen, und es wird in den nächsten Abschnitten dieses Büchleins unsere Aufgabe sein, der Natur auf ihren oftmals recht verschlungenen Wegen zu folgen, die sie bei der Erreichung dieses Zieles beschreitet. Wir werden also die verschiedenen Veranstaltungen betrachten, die der Besamung des tierischen Eies dienen und an denen wir sehr verschiedene Stufen der Entwicklung von den niederen zu den höheren Tierformen antreffen werden.

Dabei muß jedoch gleich bemerkt werden, daß nicht etwa im Tierreich eine ununterbrochene Stufenleiter vom Unvollkommeneren zum Höheren besteht; vielmehr finden sich manchmal bei nach unseren Begriffen im System sehr „tief"-stehenden Formen — wie den Plattwürmern, zu denen Bandwurm und Leberegel, aber auch die frei lebenden Strudelwürmer unserer süßen Gewässer gehören — ungewöhnlich verwickelt gebaute Geschlechtswerkzeuge, während unter den Wirbeltieren, die die nach unserer Meinung höchst organisierten Lebewesen — Vögel, Säugetiere und den Menschen — hervorgebracht haben, zahlreiche Vertreter, von denen nur Fische und Frösche genannt sein sollen, ihre Eier auf sehr einfache Weise befruchten. Wir haben uns die Sache etwa so vorzustellen, daß in den einzelnen Stämmen, in die das Tierreich sich gespalten hat, von gemeinsamer Wurzel aus, häufig die gleichen Entwicklungsvorgänge in biologischer Beziehung sich abgespielt haben, so daß wir etwa gleiche Stufen dieser biologischen Entwicklungshöhe in sehr verschiedenen Stämmen antreffen. Diese Stufenfolge der Erscheinungen, nicht die Verwandtschaft ihrer Träger, soll die Richtung geben für den kurzen und unvollständigen Überblick, den wir wenigstens den wichtigsten Erscheinungen dieses Gebietes gönnen wollen.

Die einfachsten Formen der Befruchtung.

Das tierische Leben zeigt sich in seinen einfachsten und ältesten Formen im Wasser, und dies Leben im flüssigen Element führt auch wieder zu den einfachsten Formen der geschlechtlichen Fortpflanzung. Nehmen wir den Fall an, es handle sich bei niederen Wassertieren um getrenntgeschlechtliche Formen, wie wir sie z. B. bei bestimmten Arten der sehr einfach gebauten Süßwasserpolypen (*Hydra*) unserer Binnengewässer antreffen (Abb. 3), so würden in dem Körper eines männlichen Tieres die Samen-, in dem eines weiblichen die Eizellen reifen. Sie treiben an ihrem Entstehungsort, der noch kaum den Namen einer Keimdrüse verdient, dicht unter der Haut, die Körperoberfläche beulenartig vor, wenn es sich um die Hoden handelt, je *ein* Ei hängt beim weiblichen Tier als eine Kugel an einem Stiel frei an dem vorderen Teil des Körpers. Ist das Ei reif, so platzt die Haut über ihm, und es tritt ins Wasser aus, sogar in diesem einfachen Falle als *bewegliche* Zelle. Doch ist diese Bewegung nur langsam kriechend. Die Samenzellen werden in Menge in der beulenförmigen Geschwulst gebildet, die den Hoden darstellt, und wenn auch über ihnen die Körperhaut platzt, so ergießen sie sich in Menge als winzige bewegliche Zellen ins Wasser. Sie bestehen aus einem dickeren Vorderteil, dem Kopf, und aus einem langen Anhängsel, dem Schwanzfaden, der ihnen, bei vorangehendem Kopf, eine rasche Schwimmbewegung durch geißelartige Schwingungen gewährt.

Im Wasser, also außerhalb der Tierkörper, treffen nun die beiden Arten von Keimzellen zusammen, und es findet die Befruchtung statt. Das Ei entwickelt sich, fern von seinem Muttertier, zu einem

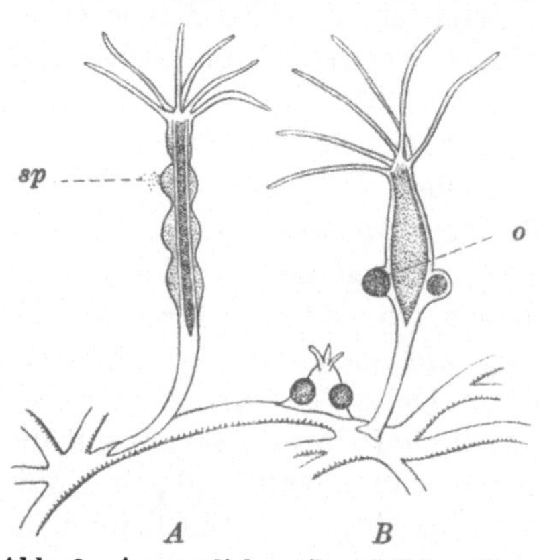

Abb. 3. *A* männliches, *B* weibliches Tier des Süßwasserpolypen (Hydra). (Nach Meisenheimer.)
sp Samenzellen, *o* Ei.

neuen Polypen. Bemerkt sei, daß andere Arten von Süßwasserpolypen zwittrig sind; dann ändert sich aber nur insofern etwas an dem beschriebenen Bilde, als sich die Ei- und Samenzellen des gleichen Tieres treffen *können;* sonst verläuft alles ebenso.

Es handelt sich bei den Süßwasserpolypen um frei, aber wenig und langsam bewegliche Tiere. Ganz ähnlich geht es aber auch bei festsitzenden Meerestieren zu, wie z. B. bei den zwittrigen *Seescheiden,* bei denen in noch höherem Grade als beim Süßwasserpolypen die Keimzellen ohne jedes Zutun des Elterntieres aus dessen Körper ausgestoßen und ihrem Schicksal überlassen werden. Hier ist es also einfach der Füllungszustand der Keimdrüse, der nach Entleerung verlangt,

12

und sie kann herbeigeführt werden, ohne daß das Elterntier dabei selbständig mitwirken müßte.

Die beiden angeführten Beispiele, Süßwasserpolyp und Seescheide, lehren uns noch etwas anderes: im ersten Falle, bei Hydra, brauchte bloß die Haut über den Keimzellen an den als Gonaden (Hoden und Eierstöcke) bezeichneten Stellen zu platzen, und deren Inhalt entleerte sich durch eine Art von Wunde ins Freie. Anders ist dies bei den Seescheiden, wie überhaupt bei der Mehrzahl der Tiere: nicht durch Platzen der Gonade wird ihr Inhalt an das Wasser abgegeben, sondern durch ihr angefügte besondere *Leitungswege*, die je nach ihrem Angeschlossensein an eine männliche oder weibliche Keimdrüse als *Samenleiter* oder als *Eileiter* bezeichnet werden. Dadurch wird es ermöglicht, daß die Keimzellen den Körper ohne eine Gewebstrennung verlassen. Damit ist ein großer Schritt vorwärts getan, und wir treffen diese Zusammensetzung des Geschlechtsapparates aus keimbereitenden Organen und Leitungswegen als grundlegend, auch für alle uns später noch begegnenden weiteren Sonderungen, an.

Anders kann die ganze Sachlage dadurch werden, daß das Tier, das im Wasser lebt, einen höheren Grad von Beweglichkeit erlangt, als wir ihn bei Hydra angetroffen haben und wie wir ihn bei den Seescheiden gänzlich vermissen. Nehmen wir das Beispiel unserer bekanntesten Fische, des Herings, des Lachses, der Forelle u. dgl. Auch bei den Fischen besteht der Fortpflanzungsapparat in beiden Geschlechtern aus den Keimdrüsen — Hoden oder Eierstock — und den Leitungswegen, die direkt ins Freie führen. Es bleibt auch hier bei der einfachsten Weise, die Befruchtung herbeizuführen, denn es werden Eier und Same in das Wasser ergossen, wozu allerdings eine Reihe von Fürsorgemaßnahmen des Weibchens für seine Brut kommen kann.

Was aber gegenüber den zuerst erwähnten Fällen eine Änderung und sicher einen Fortschritt darstellt, ist die Möglichkeit der mit hoher Bewegungsfreiheit ausgestatteten Eltern, sich den Ort der Abgabe der Keimzellen selbst auszusuchen. So kommt es zunächst einmal zu den berühmten *Laichwanderungen* der Fische, die die sonst im Meere wohnenden Lachse tief in die Flüsse und selbst Bäche, z. B. Norwegens und Schottlands, hinaufführen und die schweren Fische hohe Hindernisse überspringen lassen, die die Heringe und Thunfische an die Küsten, die Flundern auf die Hochsee treiben und die endlich den als Flußfisch bekannten Aal seine gewohnte Umgebung verlassen und zum Tiefseefisch werden lassen, der seinen Laich und seine Samenzellen in tiefen Schichten des Ozeans absetzt.

Diese wunderbaren Wanderungen des Aales, die dann wieder dazu führen müssen, daß die aus den Eiern schlüpfenden jungen Tiefseeaale, die sogenannten Bandaale, sich erst allmählich über die Form des „Glasaales" zu der in die Flüsse hinaufwandernden Jugendform umbilden, sind in allen ihren Einzelheiten erst einige Jahrzehnte lang bekannt. Daß die Heringe in solchen Mengen bei ihrem Laich- (und Befruchtungs-) Geschäft sich vereinigen, daß das Meer von den Massen der Keimzellen getrübt wird und die schleimigen Samenmassen ein Hindernis für die Ruder der Fischerboote abgeben, ist schon lange bekannt und oft geschildert worden.

Wenn vor dem Laichen, wie das bei der *Forelle* geschieht, das Weibchen eine Grube in den Sand des Bachgrundes wühlt und seine Eier hineinlegt, so daß dann das Männchen seinen Samen darüber ergießen kann, so ist das eine sehr bescheidene Form der Sorge der Mutter für ihre Brut. Zahlreich sind die Stufen der Vervollkommnung, die auf diesem Gebiete durchlaufen werden, bis zur Bildung eigentlicher Nester. Zuweilen wird, wie bei unseren Stichlingen und den bekannten Zierfischen, den Makropoden, dies Nest, sogar in sehr kunstvoller Form, vom Männchen gebaut.

Einen ganz besonders merkwürdigen Fall stellt aber die Ablage und Befruchtung der Eier, verbunden mit einer sehr seltsamen Form der Brutpflege, bei unserer kleinsten einheimischen Karpfenart, dem *Bitterling*, dar. Es war durch Untersuchungen der berühmten Zoologen *Noll* und *Theodor von Siebold* in Würzburg schon seit Jahrzehnten bekannt, daß die Jungen dieses Fisches in den Kiemen der Malermuschel unserer Gewässer leben, ohne daß die Muschel davon Schaden leidet, und daß sie als flinke kleine, aber schon voll-

kommen ausgebildete Fische diesen sonderbaren Brutraum
nach einigen Wochen verlassen. Wie aber kommen sie in ihn
hinein? Die Antwort darauf kann jeder leicht erhalten, der
in einem geräumigen Aquarium mit Sandboden einige Maler-
muscheln und eine Anzahl von Bitterlingen hält. In den
Sommermonaten hat man dann oft Gelegenheit, den Laich-
vorgang zu sehen. Zunächst fällt auf, daß die weiblichen
Bitterlinge an ihrer dicht am After gelegenen Geschlechtsöffnung vorübergehend einen dünnen, wurmartigen, fleisch-

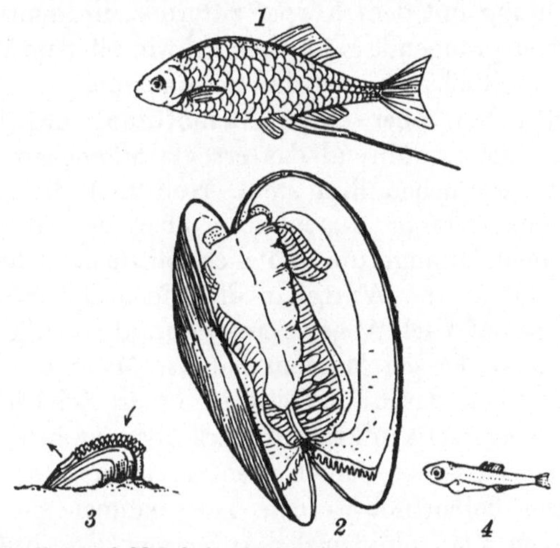

Abb. 4. Bitterling und Muschel. *1* Bitterling mit Legeröhre, *2* Muschel mit
den Fischeiern in der Kieme, *3* die im Sand vergrabene Muschel mit Ein-
und Ausströmungsöffnung, *4* der junge Bitterling. (Nach Goldschmidt.)

farbenen, halb körperlangen Fortsatz hervorwachsen lassen,
die *Legeröhre*. Sie ist dazu bestimmt, die Eier in die Kiemenöffnung der Muschel, die neben dem After aus dem
Sande hervorragt, hineinzubringen. Da die Muschel an der
Stelle, die den beiden dicht hintereinander gelegenen Öffnungen entspricht, einen Ausschnitt in ihren Schalen hat,
so besteht keine Gefahr, die Muschel könne durch plötzliches
Schließen ihrer beiden Schalen die Legeröhre beim Laichen
abklemmen. Vielmehr geht die Einführung leicht vonstatten,
und zwar unter äußerst bemerkenswerten Begleitumständen.

Es wirken nämlich bei dem Aufsuchen der Muschel und der Ablage der Eier in ihre Kiemen beide Geschlechter in einer sehr seltsamen Arbeitsteilung mit. Das Männchen zeigt, wenn es ein Weibchen zum Legen veranlassen will — denn von ihm geht der erste Anstoß aus —, an seinen Körperseiten ein schönes Farbenspiel in metallisch schillerndem Rot und Blau, und es ist aufgeregt, zittert und treibt sich um ein legereifes Weibchen herum, bis dies von ihm in einem merkwürdigen Zuge zu der Muschel hingeleitet wird. Das lebhaft in seitlicher Richtung mit dem Körper zitternde, in immer glühenderen Farben prangende Männchen schwimmt dem Weibchen, das ihm unmittelbar hinter der Schwanzspitze folgt, voraus zur Muschel hin, über deren Atemöffnung das Weibchen dann stehenbleibt, während das erregte Männchen unmittelbar im Wasser neben ihm steht. Nun zielt das Weibchen gewissermaßen einige Augenblicke über der Muschel auf deren Kiemenöffnung, um plötzlich blitzartig schnell seine Legeröhre bis an die Wurzel in die Kieme einzusenken und sie gleich darauf nach Abgabe einer Anzahl von Eiern wieder hervorzuziehen. Diesen Moment hat das Männchen erwartet, und unmittelbar darauf schießt es unter Zeichen größter Erregung waagerecht in kurzem Ruck über die belegte Kieme hin und ergießt seinen Samen ebenfalls in die Muschelkieme, wo die Eier befruchtet werden. Dort können sie nun, geschützt gegen alle Unbilden der Außenwelt, ihre Entwicklung durchmachen.

Durch dies einfache Befruchtungsverfahren der Fische ist es möglich, daß vom menschlichen Züchter unserer Nutzfische die sogenannte künstliche Befruchtung, richtiger künstliche Besamung, durch Abstreichen von Samen und Eiern (Milch und Rogen) aus dem Leibe der Tiere und gleichmäßiges Mischen der Keimzellen ausgeführt werden kann. Sie gewährt einen größeren Prozentsatz gesunder Nachkommen als die „freie" Befruchtung.

Biologische Fortschritte. Der Übergang zu der Begattung.

Nicht alle Fische bleiben in beiden Geschlechtern körperlich voneinander getrennt, wenn sie ihre Keimzellen absetzen, sondern es findet sich bei manchen (so den erwähnten Makropoden der Aquarien und anderen) eine Verankerung des Männchens am Weibchen während dieses Vorganges. Das beste und am leichtesten der Beobachtung zugängliche Beispiel einer äußeren Besamung der Eier bei enger körperlicher Vereinigung eines Paares bilden aber unsere einheimischen ungeschwänzten Lurche, Frösche und Kröten. In ganz vorzüglichen Schilderungen und Abbildungen hat der große naturwissenschaftliche Maler *Rösel von Rosenhof* im 18. Jahrhundert schon für alle einheimischen Formen diese Vorgänge dargestellt, so daß seine Bilder bisher nicht übertroffen worden sind. Im Mai bekommen beim Wasserfrosch die Daumen der Vorderfüße des Männchens einen schwarzen dicken Auswuchs, die Daumenschwiele, die dem Weibchen fehlt (Abb. 5). Sobald ein Männchen in dieser Zeit der Brunst mit einem Weibchen seiner Art in Berührung kommt, schlägt es die Arme vom Rücken her so um die Brust des Weibchens, dicht hinter den

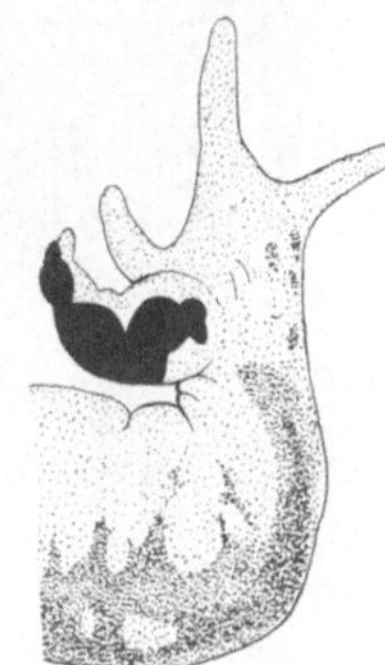

Abb. 5. Daumenschwiele des männlichen Grasfrosches. (Nach Meisenheimer.)

Achselhöhlen, daß eine außerordentlich feste Umklammerung zustande kommt; ja, selbst Fische und andere Wasserbewohner, aber auch tote Gegenstände, Äste, Flaschen usw. lösen beim Männchen, wenn es mit seiner Brusthaut dagegen stößt, diese Umklammerung aus. In den beiden Eierstöcken der Weibchen sind inzwischen die Eier in großen Klumpen gereift und harren im Eileiter der Ablage. Die kann aber nur dann geschehen, wenn die Umklammerung durch das Männchen Hilfe leistet; sie verursacht eine Stauung des Blutes in den Geschlechtswerkzeugen des Weibchens, und unter der Wirkung dieses erhöhten Blutdruckes gehen die Eier erst nach außen ab. Sie werden in einzelnen Klumpen abgelegt, und jedesmal, wenn ein solcher aus der weiblichen Geschlechtsöffnung austritt, ergießt das Männchen eine hinreichende Menge Samen darüber, daß die Befruchtung erreicht werden kann, und das wiederholt sich mehrmals. Bevor es zu diesem Vorgang kommt, vergehen oft Tage, während derer die Tiere in der Umklammerung verharren. In manchen Einzelheiten abweichend, aber in allen wesentlichen Punkten übereinstimmend finden Eiablage und Befruchtung bei unseren übrigen einheimischen Froschlurchen statt. Erwähnt sei aber, daß manche Arten tropischer Laubfrösche den Laichakt auf Bäumen vollziehen und in sehr sonderbarer Weise durch Abscheiden von Schleim eine feuchte Umgebung der Eier herstellen, in der die Befruchtung stattfinden kann. Solche Formen werden uns später noch einmal bei dem Abschnitt über die Brutpflge zu beschäftigen haben.

Noch einige Male finden wir bei uns ferner liegenden Wassertieren solche Vereinigung der Geschlechter zum Zwecke der Ablage und Besamung der Eier, z. B. bei dem riesigen, in großen Seewasseraquarien oft zu sehenden Pfeilschwanz- oder Molukkenkrebs, der der aber kein Krebs, sondern der einzige noch lebende Vertreter sonst ausgestorbener, zum Teil über 2 m langer Verwandter der Spinnentiere ist, wie sie die Meere uralter Erdperioden bevölkerten. Hier läßt sich das mit besonderen Haken seiner Taster auf dem Rücken des Weibchens verankerte Männchen von diesem zu seichten Uferstellen tragen, wo ein Laichakt stattfindet, der dem der Frösche in den wesentlichen Punkten ähnlich ist (Abb. 6).

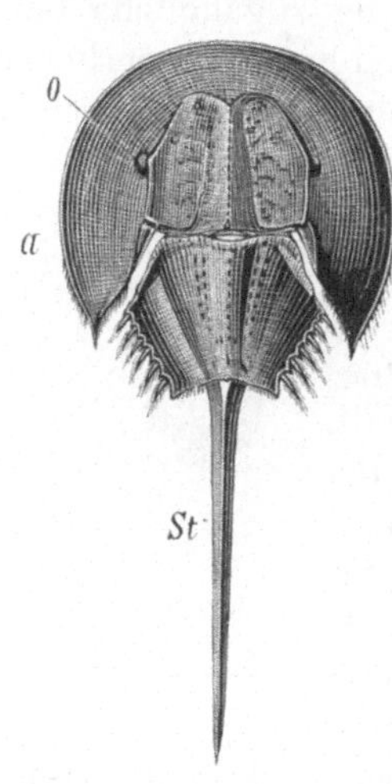

Abb. 6. Pfeilschwanzkrebs, Rückenansicht. *o* Augen, *a* Schild, *St* Schwanzstachel. (Nach Huxley.)

Innere Befruchtung durch die Tätigkeit des Weibchens.

Wenn wir nach diesem kurzen Ausflug in die Meere der Tropen wieder zu unseren einheimischen Lurchen, diesmal aber zu den geschwänzten Formen, zurückkehren, zu denen die allbekannten Wassermolche (Tritonen) und der in den deutschen Mittelgebirgen nach Regen so auffallende Feuersalamander gehören, so tritt uns eine wesentlich andere Art der Befruchtung entgegen, wie sie nur sehr wenig vergleichbare Seitenstücke im gesamten Tierreiche findet.

Auch hier müssen wir zuerst auf die körperlichen Veränderungen eingehen, die sich während der Fortpflanzungszeit im Frühjahr, hier bei beiden Geschlechtern, wenn auch in verschiedener Weise, finden. An den Männchen unseres gemeinen *Kammolches* fällt das Hervorwachsen eines gezackten Längskammes auf dem Rücken auf sowie seine am Bauche schön orangerote, auf dem Rücken olivbraune bis bläuliche Färbung. Diese Zierate sind aber für unsere Schilderung viel weniger wichtig als eine Schwellung der Umgebung der Geschlechtsöffnung, die hier mit dem After zusammenfällt. Wir reden in einem solchen Falle von einer *Kloake*, die einen Längsspalt darstellt. Während nun Kamm und Zierfärbung nur beim Männchen auftreten, sind in beiden Geschlechtern die Ränder dieser Öffnung, die Kloakenlippen, zur Brunstzeit stark geschwollen, und das hat unmittelbar mit ihrer Aufgabe zu tun, die hier bei beiden Geschlechtern wesentlich verschieden ist.

Bisher gaben in allen besprochenen Fällen Männchen und Weibchen ihre Keimzellen gleichzeitig nach außen ab. Hier, bei Triton, begegnet uns etwas anderes zum erstenmal; beim Zusammenwirken der Geschlechter gibt nur das Männchen seine Keimzellen nach außen ab, und zwar in einer sehr merkwürdigen Form. Nach mancherlei auffallenden Bewegungen, Schwänzeln, Buckelmachen u. dgl., und während es vor dem ihm dicht nachfolgenden Weibchen hergeht, setzt es plötzlich unter Zeichen großer Erregung einen verhältnismäßig großen Gallertkegel ab, der an seiner Spitze ein weißes kleines Korn trägt. Nur dies Korn ist die eigentliche, hier durch Absonderungen der Kloake fest gewordene Samenmasse, die in der nur aus Schleim bestehenden Gallerthülle steckt (Abb. 7). Ist das geschehen, so macht das Männchen dem Weibchen Platz, das alsbald mit seinen angeschwollenen Kloakenlippen den Samenstift aus dem Gallertkegel herausnimmt und mit Hilfe der Absonderungen seiner Kloakendrüsen auflöst. Dadurch werden die Samenzellen frei und beweglich und dringen in die inneren Geschlechtswege des Weibchens ein, wo sie die im Eileiter befindlichen Eier befruchten. Die Legetätigkeit des Weibchens aber, die wir in den vorher erörterten Fällen mit der Samenabgabe des Männchens gleichzeitig erfolgen sahen, wird hier erst eine beträchtliche Zeit später ausgeübt, wenn das Weibchen sich mehrere Samenstifte einverleibt und sich vom Männchen völlig getrennt hat. So gehen hier also zum erstenmal in der betrachteten Reihe von Erscheinungen die Ei- und Samenabgabe zu ganz verschiedenen Zeitpunkten vor sich, und zum ersten Male ist uns eine *innere Befruchtung*, d. h. im Inneren des weiblichen Körpers, entgegengetreten. Die große Besonderheit dieses Vorganges ist die, daß es das Weibchen selbst ist, das den Samen des Männchens in seine inneren Organe aufnimmt und den Eiern zuführt.

Abb. 7. Samenträger eines Teichmolches mit der Samenmasse *sp*. (Nach Zeller.)

Ein anderer Fall läßt sich hier vielleicht am besten anschließen. Er bezieht sich auf kleine Spinnentiere, die in alten Herbarien und Insektensammlungen öfters herumkriechend gefunden werden, und die wegen ihrer großen Scheren eine gewisse Ähnlichkeit mit winzigen schwanzlosen Skorpionen haben, die sogenannten *Bücherskorpione*. Hier führen die beiden Geschlechter einen seltsamen Tanz auf, indem das Männchen eine Schere des Weibchens mit einer der seinen (beide sind sehr ähnlich wie Krebsscheren gestaltet) packt, wobei sich beide Tiere gegenüberstehen. Nun zieht das Männchen das Weibchen umher und setzt schließlich eine kleine

Masse Samen ab, die auf einem langen Schleimstiel wie der Kopf einer Stecknadel aufsitzt. Über diese kleine Nadel zieht das Männchen rückwärts gehend sein Weibchen hinweg, und wenn dessen an der Bauchwurzel gelegene Geschlechtsöffnung über dem Samenknopf hinweggleitet, ergreifen ihn die Ränder der Öffnung und ziehen ihn in den Eileiter hinein (Abb. 8). Auch hier also innere Befruchtung durch selbständige Tätigkeit des weiblichen Tieres, das erst viel später die in seinem Körper befruchteten Eier ablegt. Das Männchen hat bei der Einverleibung des Samens in den weiblichen Leitungsapparat nichts zu tun. Allenfalls hält es das Weibchen fest, wie es das Ver-

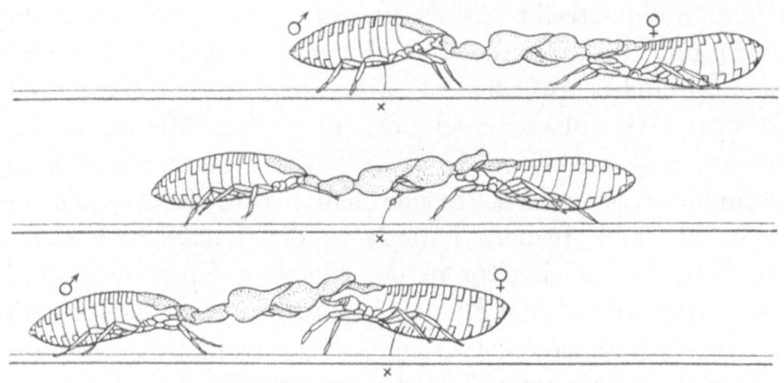

Abb. 8. Bücherskorpion (Chernes). Übertragung des Samens vom Männchen ♂ auf das Weibchen (♀) in drei Stufen (s. Text). (Nach Kew.)

halten des Bücherskorpions zeigt. Diese Fälle leiten aber zu denen über, in denen eine echte *Begattung*, d. h. die Einführung männlichen Samens in die weiblichen Organe stattfindet durch eine Tätigkeit des männlichen Tieres selbst, das diese Einbringung ausführt. Diese Tätigkeit wird nun in sehr verschiedener Weise im einzelnen ausgeübt, und ein Überblick über die Hauptformen wird ein sehr buntes Bild geben. Zunächst einmal werden wir uns die Frage vorlegen müssen, aus welchen Ursachen der zweifellos verwickeltere Weg der Besamung der Eier im weiblichen Körper statt der außerhalb im Wasser stattfindenden Befruchtung sich im Tierreich in den verschiedensten Stämmen und von sehr verschiedenen

Voraussetzungen ausgehend — auf Grund sehr verschiedenen
Körperbaues — durchsetzen konnte.

Die Begattung. Ihre Verbreitung im Tierreich.

Die besprochenen Beispiele haben uns schon gezeigt, daß
eine Besamung der abgelegten Eier außerhalb des Mutterkörpers so gut wie ausschließlich nur im Wasser stattfinden
kann. Hier finden die Samenzellen ungehindert ihren Weg in
der sie umgebenden Flüssigkeit zu den Eiern, vorausgesetzt,
daß sie in deren Nähe ergossen werden. Allerdings werden
Hunderte und Tausende von ihnen ihr Ziel verfehlen, aber in
solchen Fällen treibt die Natur oft eine großzügige Ver-
schwendung, und die Tatsache, daß alles auf die befruchteten
Eier und nichts auf die ihr Ziel verfehlenden Samenzellen
ankommt, ist entscheidend. Da nun eine Menge niederer
Meerestiere (Schwämme, Quallen, Seeigel, Seesterne, Polypen,
Seescheiden, Seewalzen, Fische usw.) ihre Keimzellen dem
Meerwasser anvertrauen, und da in der Küstenzone sich all
diese Formen gleichzeitig in der gleichen Umgebung finden
können und tatsächlich finden, so müssen wir uns vorstellen,
daß in solchen Meeresregionen ein ungeheures Gewimmel
von Eiern und Samenzellen der verschiedensten Tierformen
herrschen kann, in dem dann immer die richtigen Samenzellen zu den dazugehörigen Eizellen hingeleitet werden müssen. Es könnte also die Reinerhaltung der Art stark gefährdet
werden, wenn Ei und Samenzelle verschiedener Arten sich
vereinigen könnten. Zwischen einander fernstehenden Tierformen kommt es dazu nicht, und in der fehlenden Anziehung
des Eies auf fremdartliche Samenzellen liegt der beste Schutz
der tierischen Art begründet. Zwischen näher verwandten
Formen, wie verschiedenen Seesternarten, ist aber eine derartige Artkreuzung nicht nur denkbar, sondern sie wird in
der Freiheit zuweilen auch verwirklicht, wie übrigens auch
unter Landtieren unserer einheimischen Tierwelt bisweilen
solche Bastardbildungen vorkommen (Schmetterlinge, Schnek-
ken, Vögel usw.). Sicherer ist die Reinhaltung der Art gewährleistet, wenn Männchen und Weibchen einer Tierart sich,

wie dies geschildert wurde, an einen gemeinsamen Ort ungestörten Laichens begeben, und noch sicherer wird sie, wenn eine innere Übertragung des Samens in den weiblichen Körper stattfindet.

Außerdem wird die Befruchtung entschieden sicherer, wenn nicht die Vereinigung der Keimzellen dem Zufall mehr oder minder anheimgegeben wird, und eine solche Sicherung bietet eben wieder die Begattung. Betrachten wir in kurzer Übersicht die Hauptstämme des Tierreiches, so finden wir bei Schwämmen, Nesseltieren, Stachelhäutern, Manteltieren und der Mehrzahl der niederen Wirbeltiere keine Begattung, sondern Befruchtung im Wasser. Auch die meisten Würmer des Meeres schließen sich hier an. Dagegen ist bei Plattwürmern (zu denen Bandwürmer, Leberegel und andere Schmarotzer gehören), einigen höher entwickelten Ringelwürmern (Regenwurm, Blutegel), fast allen Gliederfüßlern, vielen Weichtieren (Schnecken, Tintenfische, nicht aber Muscheln), endlich bei den rein landbewohnenden Wirbeltieren (Reptilien, Vögel, Säugetiere) sowie unter den wasserbewohnenden bei den sehr altertümlichen Haien und Rochen die Begattung herrschend als einziger Weg zur Befruchtung der Eier. Es kann kaum zweifelhaft sein, daß der entscheidende Grund für die Einführung der Begattung bei Erwerbung des Landlebens vor allem die Unmöglichkeit war, für die Erhaltung der Beweglichkeit der Samenzellen die doch dringend nötige Flüssigkeit noch weiter in der natürlichen Umgebung zu finden. Es bleibt dann natürlich die Möglichkeit bestehen, die wir bei den Amphibien (Lurchen) in ihrem größeren Teil verwirklicht sehen, daß nämlich zur Fortpflanzungszeit das Wasser aufgesucht und dort die Befruchtung in der einfachen geschilderten Weise vollzogen wird.

Das aber, was wir bei den Molchen unter den Lurchen schon angebahnt sahen, eine Befruchtung der Eier im Innern der weiblichen Leitungswege durch die alleinige Tätigkeit des Weibchens, das kann auf dem Lande nur schwer ausgeführt werden, und so bleibt für Festlandstiere eigentlich nur die unmittelbare Übertragung des Samens vom Männchen auf das Weibchen.

Der Fall der Haie und Rochen, die ausschließlich im Meere leben, bei denen aber durchweg eine Begattung ausgeführt wird und es sogar zur Geburt von lebenden Jungen kommt (schon *Aristoteles* war diese Tatsache vom nordischen Glatthai bekannt), zeigt uns aber, daß wir im Irrtum wären, wenn wir nun annähmen, die Begattung sei etwa an die Bedingung des Landlebens geknüpft. Das beweisen auch zahlreiche andere Fälle aus der oben skizzenhaft zusammengestellten Liste, und hier sei nur an zahlreiche Krebse, Schnecken und alle Tintenfische (Kopffüßler) erinnert, die eine Begattung ausführen und im Meere wohnen.

Wir haben auf Grund dieser Tatsachen das Recht, anzunehmen, daß der Vorgang der Begattung zur Sicherung der Befruchtung in mehreren Stämmen des Tierreiches unabhängig voneinander erworben wurde, und zu sagen, daß er eine fortgeschrittenere Art der Befruchtung gegenüber der äußeren Besamung darstellt. Eine Schwierigkeit scheint zunächst gegenüber den einfacheren Zuständen gegeben: es muß für die beweglichen Samenzellen, die einer flüssigen Umgebung bedürfen, eine solche geschaffen werden. Hier muß der Tierkörper selbst in Form von Absonderungen (Sekreten) das Fehlende ersetzen. Damit dies geschehen könne, sind sehr verschiedene Vorrichtungen im Tierreich getroffen worden. Aber außer dieser ersten Notwendigkeit zu einer Ausgestaltung des Geschlechtsapparates bei Tieren mit Begattung werden wir noch eine ganze Reihe von gestaltlichen (morphologischen) Veränderungen sich als notwendig erweisen sehen, und wir wollen in Kürze jetzt die Veränderungen betrachten, die ein so zu höheren Leistungen bestimmter Geschlechtsapparat im Vergleich zu dem einfacherer Formen aufweist, zugleich mit seiner Leistung.

Die Einwirkung der Begattung auf den Bau des männlichen und weiblichen Organismus.

Allgemeines.

Wir haben an dem Geschlechtsapparat einfacher Tiere unterschieden zwischen keimbereitenden Stätten (Gonaden, Keimdrüsen, Hoden und Eierstock) und den keimleitenden Wegen

(Samenleiter und Eileiter). Es ist einleuchtend, daß in dieser einfachen Gestalt ein Geschlechtsapparat in beiden Geschlechtern nur da seine Aufgaben erfüllen kann, wo geringe Anforderungen an die Vielseitigkeit seiner Leistungen gestellt werden, wie wir bei der einfachen Abgabe der Keimzellen in das umgebende Wasser sahen.

Verwickelter wird der Fall aber schon, wenn, wie es bei den Kammolchen verwirklicht ist, das Männchen die Samenzellen nicht einfach ins Wasser frei entläßt, sondern sie durch eine Absonderung von Drüsen seiner Kloake zu einer mehr oder weniger festen Masse vereinigt, zu der noch die Gallerthülle kommt. Das Ganze nennen wir einen Samenträger (Spermatophore). Es soll aber nicht unerwähnt bleiben, daß auch schon bei Fischen der abgegebene Same des Männchens nicht nur aus den Samenzellen selbst, sondern auch aus schleimigen Absonderungen der Geschlechtswege besteht, die die im Volke übliche Bezeichnung „Milch" entstehen ließen.

Eine Ausstattung der Leitungswege mit Drüsen ist nun erst recht bei Vorhandensein einer Begattung notwendig, weil hier der Same im allgemeinen mit der Außenwelt nicht in Berührung kommt und doch, besonders innerhalb der weiblichen Organe, beweglich gehalten werden muß. Auch hier müssen Drüsen aushelfen.

Drüsentätigkeit wird sich aber auch in den weiblichen Leitungswegen finden, weil oft die Eier nach erfolgter Befruchtung mit Hüllen, Schalen usw. ausgestattet werden, wie wir alle es von dem bekanntesten aller tierischen Eier, dem Vogelei, kennen.

Abgesehen aber von dieser Entwicklung von Nebendrüsen neben den keimbereitenden Drüsen selbst finden wir eine reiche Ausgestaltung der Leitungswege und besonders des Ortes ihrer Mündung an der Körperoberfläche unter der direkten Wirkung der Anforderungen, die die Ausführung der inneren Befruchtung, also die Begattung, stellt. Es werden daher eine Fülle von Werkzeugen neu gebildet, die bei den einfachen Besamungsformen fehlen, und ihre Gestaltung und Leistung soll uns in getrennter Übersicht für beide Geschlechter kurz beschäftigen.

Ausbau der männlichen Geschlechtswerkzeuge.

1. Nehmen wir als den einfachsten gegebenen Fall für den Aufbau der männlichen Organe an, daß nur Hoden und Samenleiter — in der Regel in der Zweizahl — bestehen, und betrachten wir, was als Hilfswerkzeuge für erhöhte Leistung dieses Apparates hinzukommen wird, wenn die Samenzellen in leistungsfähigem Zustande in die weiblichen Organe übertragen werden sollen, so wird zunächst die Frage sein, die wir uns vorlegen müssen, in welcher Form der Same abgegeben wird und wie er seine bestimmte, für die Tierform kennzeichnende Beschaffenheit erhält.

Wohl nie werden Samenzellen in allen diesen Fällen ohne Beimischungen von Drüsenabsonderungen abgesetzt. Es sind aber zwei verschiedene Möglichkeiten im Tierreich verwirk-

Abb. 9. Samenträger (Needhamscher Schlauch) des gemeinen Tintenfisches. (Nach M. Edwards.)

licht, die sich daraus ergeben, daß durch diese Drüsentätigkeit der Same zu einer *Flüssigkeit* ausgestaltet werden kann, in der sich die Samenzellen bewegen, oder zu einer *festen Masse*, die als Spermatophore uns schon einmal bei dem Samenübertragungsakt der Molche begegnet ist. Häufiger ist der erste Fall, aber Spermatophoren sind nicht selten im Tierreich und finden sich in sehr verschiedenen Stämmen. Man unterscheidet echte Spermatophoren, die außer der mit festen, eingedickten Drüsenabsonderungen verklebten Samenmasse selbst aus einer (oder mehreren) äußeren Hüllen bestehen, und die ebenso abgeschlossen und beschalt sein können wie so viele Eier, von unechten, die alle möglichen Grade der Zusammenballung und Verklumpung von Samenzellen aufweisen können, aber keine besondere Hülle besitzen. Die vollkommensten Spermatophoren finden sich unter anderem bei manchen Tintenfischen (Abb. 9), wo sie als sogenannte Needhamsche Schläuche röhrenförmige Kapseln darstellen, die, in den Körper des Weibchens eingebracht, durch Quellung eines besonderen Abschnittes explosionsartig die Samenzellen entlassen. Am leichtesten sieht man Spermatophoren einheimischer Tierformen bei unseren Grillen und Laubheuschrecken, wo sie, z. B. bei der gemeinen grünen Heuschrecke, nach der Paarung unter der Wurzel der langen spießförmigen Legeröhre des Weibchens als dicke weiße Masse sichtbar sind. Aber nur zwei kleine gestielte Kapseln am Grunde dieses Anhängsels enthalten den Samen selbst, die großen Schleimmassen werden vom Weibchen aufgefressen, während der Same in seine inneren Leitungswege aus den Kapseln überwandert.

Den wesentlichsten Anteil an dem Zustand, in dem der Same übertragen wird, haben also die Nebendrüsen des männlichen Apparates, wozu aber noch Formungsräume für etwaige Spermatophoren kommen können.

2. Neben der Drüsenversorgung der männlichen Leitungswege spielen als neu hinzukommende Bildungen die Organe die Hauptrolle, die wir als *Begattungsorgane* bezeichnen, und die zur Übertragung des Samens an oder in die weiblichen Organe dienen. Sie sind in ungeheurer Mannigfaltigkeit im Tierreich ausgebildet, von ganz verschiedener Form nicht nur, sondern sogar aus sehr verschiedenen Organen des Körpers umgebildet, also auf sehr mannigfaltige Weise entstanden.

In den allermeisten Fällen wird ein männliches Begattungsorgan im eigentlichen Sinne einen Körper darstellen, der, wenigstens während der Samenübertragung selbst, die Körperoberfläche überragt und fähig ist, in den weiblichen Körper eingeführt zu werden und den Samen in ihn hineinzuleiten. Wir wollen zunächst an dieser Begriffsbestimmung festhalten, die, wie wir bei der vergleichenden Besprechung der Begattungsvorgänge im Tierreiche sehen werden, in manchen Fällen einer Einschränkung oder Berichtigung bedürfen wird. Jedenfalls entspricht sie den Tatsachen in sehr vielen Fällen und kann als die Regel betrachtet werden. Ferner kann gleichfalls als Regel gelten, daß das Begattungsorgan sich entweder aus Bestandteilen der männlichen Samenendwege oder aus solchen der unmittelbaren Umgebung der Geschlechtsöffnung aufbaut. Selten ist es verhältnismäßig, daß ein solches Organ dauernd die Körperoberfläche überragt; meist ist es in der Ruhezeit — die bei den meisten Tieren die der Tätigkeit bedeutend übertrifft — verborgen und wird erst dann hervorgestreckt, wenn es gebraucht wird.

Die Art der Hervorstreckung kann mit sehr verschiedenen Mitteln bewirkt werden: es kann ein Endabschnitt der männlichen Leitungswege durch Umrollung wie ein Handschuhfinger umgestülpt werden, es kann ein starres Rohr, das an der Panzerung der Körperoberfläche (wie bei vielen Käfern) teilnimmt, durch Muskelwirkung im ganzen hervorgeschoben werden, oder endlich, um die häufigsten Vorkommnisse zu nennen, es kann durch Schwellung mit Körperflüssigkeit (Blut, Lymphe), stellenweise in Verbindung mit den beiden anderen Verfahren, eine Vergrößerung und Tauglichmachung eines solchen Organes herbeigeführt werden. Um den Samen in die weiblichen Wege führen zu können, muß ein solches Organ eine Leitungsvorrichtung besitzen, und das ist möglich in zwei verschiedenen Formen: entweder kann es zu einem Rohre durchbohrt sein, wie bei den Säugetieren, oder eine Rinne zur Leitung des Samens tragen, wie bei den Enten und Gänsen. Beide Einrichtungen finden wir in den verschiedensten Gestalten verwirklicht.

Die unechten Begattungsorgane und ihre Anwendung.

Echte (primäre) Begattungsorgane nennen wir solche, die unmittelbar an die männlichen Leitungswege angeschlossen sind, unechte (akzessorische, sekundäre) solche, die fern von ihrer Mündung liegen und aus anderen Organen umgebildet sind, aber der Übertragung des Samens dienen. Sie haben also ursprünglich mit der Geschlechtstätigkeit nichts zu tun und sind meist umgewandelte Gliedmaßen, wie von den Polypenarmen der Tintenfische beim Männchen einer anders gestaltet ist als die übrigen und zur Übertragung der auf S. 26 geschilderten „Needhamschen Schläuche" dient. Bei der Paarung wird dieser Arm in die Mantelhöhle des Weibchens eingeführt. Bei einigen Formen, zu denen das Papierboot (Argonauts argo, Abb. 10) gehört, hat er einen solchen Grad von Selbständigkeit erreicht, daß er im weiblichen Körper abreißt, dort verbleibt und, während das winzig kleine Männchen sich entfernt, die Begattung vollzieht. Kein Wunder, daß dieser Arm früher für das Männchen gehalten werden konnte.

Wohl das bekannteste Beispiel solcher unechter Begattungsorgane, jedenfalls das in seiner Wirkungsweise am besten gekannte, ist das der männlichen Spinnen, das in den

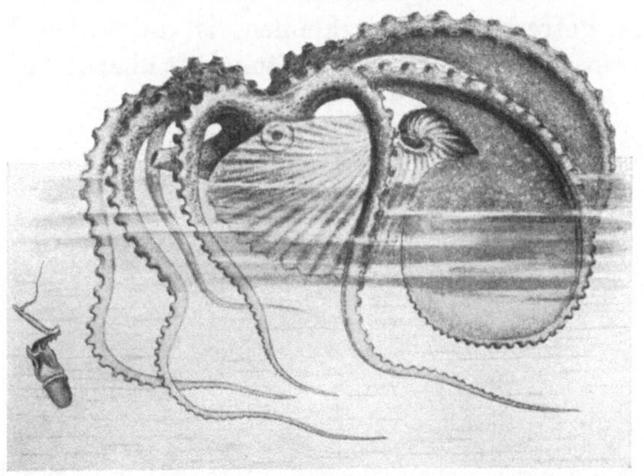

Abb. 10. Papierboot (Argonauta): Weibchen und (links unten) Männchen mit dem Begattungsarm. (Nach Vernanez und Jatta.)

hier stark umgestalteten, wie Fühler aussehenden Kiefertastern gelegen ist, während die Geschlechtsöffnung an der Bauchwurzel liegt. Daher muß der Same vor der Paarung einen Weg durch die freie Umgebung zurücklegen, und das geschieht so, daß das Männchen, wenn es reif geworden ist, aber auch später nach einer oder mehreren Begattungen einen Samentropfen auf ein besonders angefertigtes Gewebe absetzt und in besondere Behälter an den Tastern durch Auftupfen einfüllt (Abb. 11).

Bei der Begattung wird nun der Same aus diesem Behälter unter der Wirkung erhöhten Blutdruckes in die weiblichen

Samentaschen überführt. Das Blut drückt auf den den Samen
beherbergenden Blindschlauch, der in einem dem Taster-
endglied anhängenden Körper liegt, und der meist mannigfach
gewunden ist (Abb. 12). Die Art, in der die Taster eingeführt
werden, ist sehr verschieden, meist beide abwechselnd, seltener
und nur bei ursprünglicheren Formen beide zugleich. Auch
ist die Stellung der beiden Partner bei der Paarung sehr
wechselnd, insbesondere nach der Lebensweise am Boden oder
in Netzen. Das Wesentliche der Vorgänge ist aber überall
gleich. Daß die oft sehr viel kleineren Männchen der Spinnen oft von ihren Weibchen nach und sogar während der
Begattung gefressen werden können, ist in weiten Kreisen
bekannt und wird in seiner Verbreitung oft übertrieben.

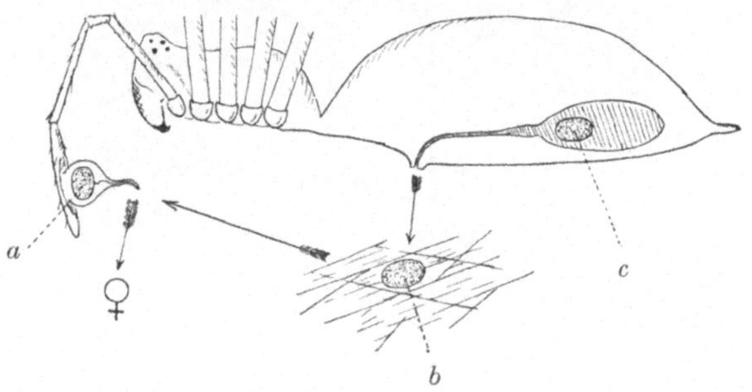

Abb. 11. Schematische Darstellung des Weges, den der Same bei den
Spinnenmännchen bis zur Übertragung auf das Weibchen zurücklegen muß.
Ein Samentropfen, *a* in der Keimdrüse, *b* auf dem Gewebe, *c* im Taster.
Der Pfeil zeigt die Richtung zum Weibchen an.

Von anderen ähnlich liegenden Fällen ist einer nur schwer
zu beobachten, er findet sich bei einer Gruppe der Tausend-
füßer, die gleichfalls besondere Begattungsorgane im männlichen Geschlecht erst mit Samen füllen müssen, der der
weiter vorn gelegenen Geschlechtsöffnung entnommen wird.
Leichter zu sehen ist die sehr eigenartige und alleinstehende
Begattungsweise der *Libellen* oder Wasserjungfern, die vielleicht manchem der Leser aus eigener Anschauung bekannt ist
(Abb. 13). Im Sommer sieht man häufig zwei Libellen in seltsamer Schleifenform vereinigt sitzen oder fliegen. Das Männchen besitzt ein Begattungsorgan an der Bauchwurzel, während

die Geschlechtsöffnung am Hinterleibsende liegt. So muß erst Samen in jenes eingebracht werden, bevor die Paarung vollzogen werden kann. Das Männchen ergreift mit einer am Ende des Hinterleibes gelegenen Zange das Weibchen hinter dem Kopf und biegt seinen eigenen Hinterleib so bauchwärts ein, daß der 9. und der 2. Ring sich berühren. Dabei tritt Same in das Begattungsorgan ein. Nun streckt sich das Männchen wieder, und das Weibchen krümmt seinen Hinterleib nun so ein, daß dessen Spitze das Begattungsorgan des Männchens berührt. Dadurch ist eine Herz- oder Reifenform hergestellt, die die Tiere in den Stand setzt, in diesem Zustand

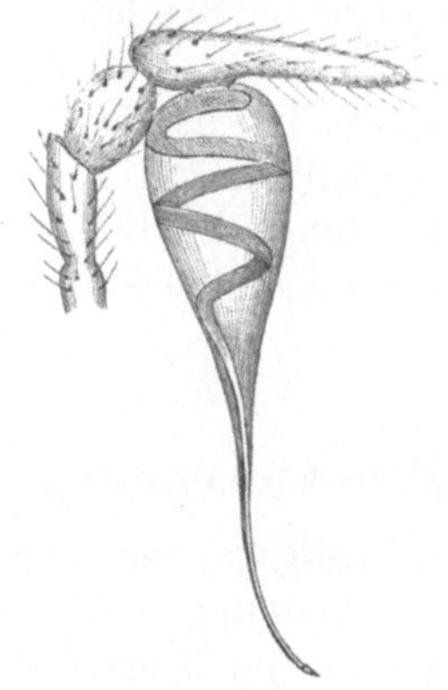

Abb. 12. Einfachste Form des männlichen Spinnentasters, darin der Samenschlauch. (Nach Bertkau.)

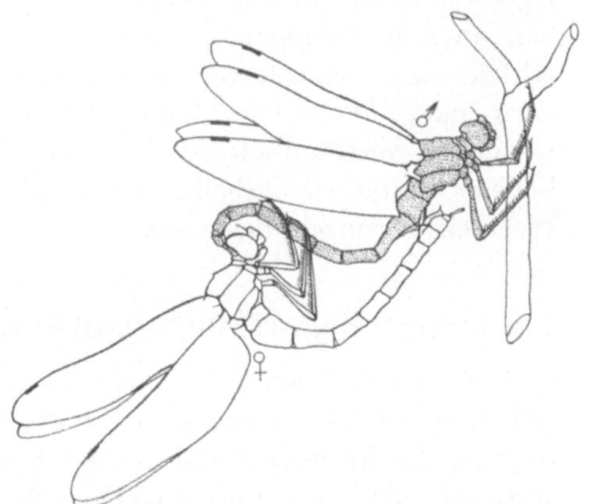

Abb. 13. Libellenpaar in Begattung, ♂ Männchen, ♀ Weibchen (s. Text). (Nach Walker.)

der Vereinigung umherzufliegen. Ja, bei manchen Arten, wie der vierfleckigen Wasserjungfer, wird regelmäßig die gesamte Paarungshandlung im Fluge vollzogen.

Nach der Paarung trennen sich die Partner entweder sofort, oder es wird bei manchen Arten zwar die Verbindung der Geschlechtsorgane gelöst, aber das Männchen hält das Weibchen weiter mit seinen Zangen hinter dem Kopf, so daß beide Tiere unmittelbar hintereinander fliegen. In dieser Haltung erfolgt dann die Eiablage, während der also das Männchen sein Weibchen begleitet, und nach ihr wiederum eine Paarung. Einige Arten von Schlankjungfern steigen so vereinigt sogar, von einer glänzenden Luftschicht umschlossen, unter Wasser.

Auch bei Krebstieren finden sich Begattungsfüße, während unter Wirbeltieren nur in den der Samenübertragung dienenden umgewandelten Innenstrahlen männlicher Haie und Rochen etwas Vergleichbares vorkommt.

Eine Erklärung für die Gründe der Entstehung solcher Begattungsorgane, die ursprünglich mit der Fortpflanzung nichts zu tun hatten, ist kaum zu geben; offenbar mußte der durch den Bau begründete Mangel echter Begattungsorgane irgendwie ausgeglichen werden. Um so überraschender ist es, daß auch in Gruppen, in denen sonst solche echten Organe fehlen, sie vereinzelt vorkommen können, wie bei den Kankern oder Weberknechten unter den Spinnentieren. Am wenigsten verständlich ist Bau und Entstehung des männlichen Organes der Libellen, die in diesem Punkte unter allen Insekten vereinzelt dastehen.

Die echten Begattungsorgane und ihre Anwendung.

Viel häufiger sind die mit den Ausführungsgängen der männlichen Geschlechtsorgane verbundenen echten Begattungsorgane, die in einer erstaunlichen Formenfülle im Tierreich verbreitet sind. Es wäre im engen Rahmen dieses Büchleins unmöglich, diese Fülle auch nur einigermaßen vollständig zu schildern, und so sollen nur einige der vielen verwirklichten Möglichkeiten besprochen werden.

Sehr früh müssen im Tierreich Begattungsorgane aufgetreten sein, da wir sie schon bei Tierformen finden, deren ganzer Bau zu den niedersten Typen gehört, die wir unter vielzelligen Tieren kennen. Es sind dies die *Plattwürmer*, die teils, wie die Strudelwürmer, frei, meist im Wasser, leben, in den beiden großen Ordnungen der Band- und Saugwürmer sich aber ganz einer schmarotzenden Lebensweise zugewandt haben. Zwei Punkte können als kennzeichnend für diese Tierklasse betrachtet werden: der sehr verwickelte Bau der Fortpflanzungswerkzeuge und ihr fast ausnahmslos zwittriger Zustand. Wir finden hier eine so reiche Ausgestaltung der Leitungswege, besonders der weiblichen, daß sie kaum in Einklang zu stehen scheint mit dem niedern Bau des gesamten Organismus (Abb. 14).

Uns interessieren hier zunächst die Organe der *Begattung*. Sie sind an dem zwittrigen Geschlechtsapparat fast immer vorhanden, und zwar als umstülpbares, oft im einzelnen sehr verschiedenartig ausgestaltetes Ende des Samenleiters. Das Ende des Begattungsorganes selbst kann spitz und hart sein, und das hängt bei einigen Strudelwürmern mit der seltsamen Art der Begattung zusammen, bei der dies Organ an beliebiger Stelle in den Körper des Partners hineingestoßen wird und sich die Samenzellen durch die Gewebe hindurch ihren Weg zu den Eizellen suchen müssen. Dies ist aber der seltenere Fall, und gewöhnlich wird das Organ in einen Endabschnitt der weiblichen Wege eingebracht, und zwar ist gegenseitige Begattung der zwittrigen Tiere die Regel. Es kommen aber Ausnahmen vor; so ist bei einigen schmarotzenden Saugwürmern Selbstbegattung und dementsprechend Selbstbefruchtung nachgewiesen worden, und für die *Bandwürmer* dürfte sie die Regel sein. Bei den meisten von ihnen, so auch bei denen, die gelegentlich und nicht selten im Darm des Menschen schmarotzen, enthält der meist mehrere Meter lange Körper in seinen zahlreichen, sich immer wieder ergänzenden, weil am Ende dauernd abgestoßenen

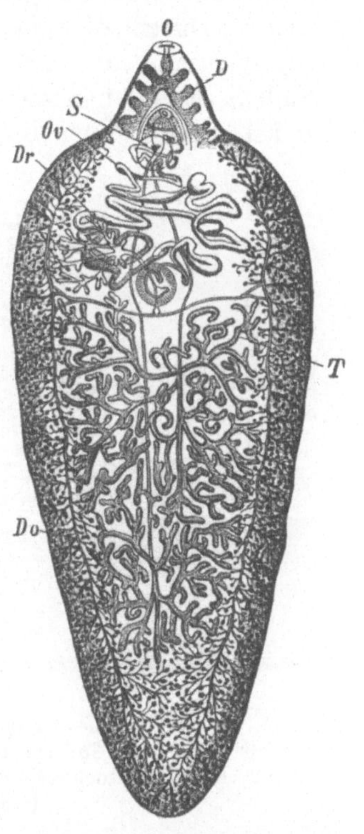

Abb. 14. Leberegel. *O* Mund, *D* Darm, *S* Bauchsaugnapf, *T* Hoden, *Dr, Do* und *Ov* weibliche Geschlechtsorgane. (Nach Sommer.)

Gliedern in jedem von diesen je einen vollständigen zwittrigen Geschlechtsapparat, und in jedem besteht der männliche Anteil aus Hoden, Samenleitern und dem umstülpbaren, in einer muskulösen Tasche gelegenen Begattungsorgan, das der weiblichen Geschlechtsöffnung unmittelbar benachbart, ja oft mit ihr gemeinsam von einem Hautmuskelring umfaßt ist. Gewöhnlich scheint nun die Begattung — und dies ist tatsächlich bei einigen Arten beobachtet worden — so vor sich zu

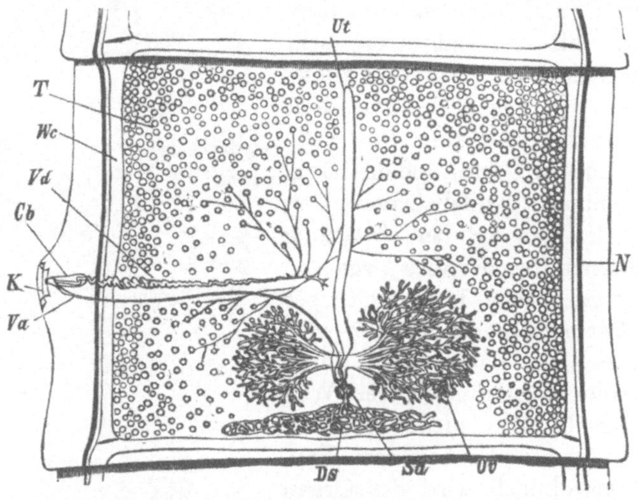

Abb. 15. Reifes Glied des Rinderbandwurms. *N* Nerven, *Wc* Wassergefäße, *K* Geschlechtsöffnung, *Cb* Begattungsorgan, *T* Hoden, *Ut* Uterus, *Vd* Samenleiter, *Ds* Dotterstock (Eiweißdrüse), *Ov, Sd, Va* weibliche Organe. (Nach Sommer.)

gehen, daß innerhalb eines Gliedes das männliche Organ sich in den weiblichen Endkanal einsonkt und den Samen zu den Eiern leitet. Es kommt aber auch Begattung von Glied zu Glied vor, aber selbst in diesem Falle kann man nach der neueren Auffassung der Bandwürmer als eines einheitlichen Organismus, nicht als eines Tierstaates, auch dann nicht von einer Fremdbegattung sprechen (Abb. 15).

Wie sehr aber bei diesen fast immer zwittrigen Formen die Begattung (und Befruchtung) zwischen zwei Tieren als Notwendigkeit durchgeführt werden kann, zeigt am besten

34

ein zwittriges Wesen, das man als *Doppeltier* (Diplozoon paradoxum) bezeichnet und das als äußerer Schmarotzer an den Kiemen einheimischer Karpfenarten lebt. Es besteht, wie sein Name sagt, eigentlich aus zwei Tieren, die aber in Form eines X fest miteinander verwachsen sind und in einer Art von Dauerbegattung ihr Dasein zubringen. Nur in der Jugend, als unreife Tiere, noch Larven, leben die Tiere einzeln. Mit Hilfe je eines Zapfens, der in eine Grube an der Bauchseite des Partners paßt, vereinigen sich zwei solche Wesen auf Lebenszeit, indem sie sich überkreuz legen und dann verwachsen (Abb. 16).

Erwähnt sei noch, daß es durch Schwund des einen Anteiles am zwittrigen Geschlechtsapparat zur Geschlechter-

Abb. 16. *a* zwei Larven des Doppeltieres vor der Vereinigung, *b* vereinigt, *O* Mund, *H* Haftscheibe, *Z* Zapfen, *G* Grube. (Nach Sommer.)

trennung kommen kann, so daß also im ursprünglich als Zwitter angelegten Tier nur der männliche oder nur der weibliche Anteil ausgebildet wird. Das ist der Fall bei einem in Fischkiemen im Mittelmeer lebenden Schmarotzer, bei dem immer ein männliches und ein weibliches Tier in einer Kapsel zusammen leben. Völlig geschwunden ist endlich das Zwittertum bei einem sehr gefährlichen Schmarotzer des Menschen, der in Ägypten in bestimmten Blutadern des menschlichen Körpers wohnt und tödliche Erkrankung verursachen kann. Am bekanntesten ist er unter dem Namen *Bilharzia* (so genannt nach einem deutschen Arzt in Kairo) (Abb. 17). Auch dies Tier lebt in Dauerbegattung, und zwar als sehr ungleiches Paar. Das Männchen ist breit und blattförmig flach, das Weibchen länger, drehrund und dünn. Der männliche Körper schließt sich als Rinne um den des Weibchens, so daß es völlig in diesen Kanal aufgenommen ist.

Bei den gleichfalls schmarotzenden *Fadenwürmern*, zu denen Spul- und Madenwürmer — die wohl häufigsten menschlichen Schmarotzer — und die berüchtigte Trichine

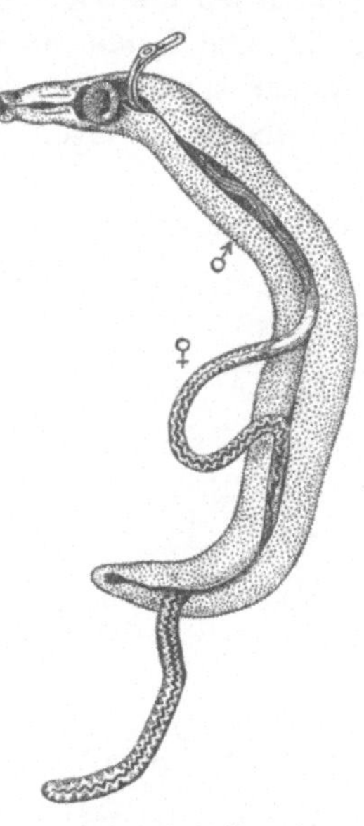

Abb. 17. Bilharzia, ♂ Männchen, ♀ Weibchen. (Nach Looss.)

gehören, sind die Geschlechter fast immer getrennt, und eine Begattung wird dann immer ausgeführt. Indessen fehlen Begattungsorgane im eigentlichen, oben begrenzten Sinne, und statt ihrer sind Haftorgane vorhanden, die später an anderer Stelle zu besprechen sein werden. Bei den gleichfalls schmarotzenden Kratzern, von denen die bekannteste Art im Hausschwein lebt, münden dagegen die Samenleiter durch ein echtes, vorstreckbares, muskulöses Begattungsorgan.

Selten ist eine Begattung unter den *Ringelwürmern*, von denen die meisten im Wasser, besonders im Meere, leben. Eine Ausnahme machen unsere landbewohnenden Regenwürmer, deren Begattung jedoch auf eine abweichende Art vollzogen wird und uns später noch zu beschäftigen haben wird. Echte Begattungsorgane finden sich als ausstülpbares Ende der vereinigten Samenleiter bei den Egeln, wenigstens bei der Gruppe (Kieferegel), zu denen unser Blutegel gehört, während die sehr merkwürdige Begattung der Rüsselegel gleichfalls in einem anderen Abschnitt zu schildern sein wird.

Wenn wir aus dem unendlich großen Heere der *Gliederfüßler* einige Beispiele auswählen, können wir einen Überblick gewinnen, wie in einem großen — dem an Arten reichsten — Stamme des Tierreiches sich Begattungsarten in den verschiedensten Formen eingebürgert haben. Daß bei den *Krebstieren* und den *Spinnentieren* nur in Ausnahmefällen „echte" Begattungsorgane, daß dagegen, wo sie vorhanden sind, viel häufiger „unechte, sekundäre" derartige Organe auftreten, ist im vorigen Abschnitt schon ausgeführt worden. Ähnlich verhalten sich die Tausendfüßler, bei denen nur in einer Gruppe die gleichfalls schon besprochenen Begattungsfüße der Männchen vorkommen.

Ganz anders ist es bei den *Insekten,* und zwar ist es nicht schwer zu sehen, weshalb. Während bei den erwähnten Formen mit unechten Begattungsorganen die Geschlechtsöffnung weit nach vorn an der Bauchseite oder bei doppelfüßigen Tausendfüßlern sogar nahe hinter dem Kopf liegt, hat sie bei den Insekten ihren Platz mit großer Regelmäßigkeit am hinteren Körperende, so daß die Begattung — mit Ausnahme der erwähnten der Libellen und der einiger sehr niederer, altertümlicher Formen — fast immer in einer Vereinigung dieser Hinterenden der Geschlechter besteht, wie es leicht bei Käfern, Fliegen und Schmetterlingen zu beobachten ist. Diese Art der Vereinigung kann in sehr verschiedenen Stellungen der beiden Partner geschehen, aber im wesentlichen spielt sich überall dasselbe ab.

Durch diese Anordnung sind die Endwege der Organe beider Geschlechter sehr leicht zur Vereinigung zu bringen, und so ist es verständlich, daß an dieser Stelle beim Männchen in der Regel die Begattungsorgane sitzen. Doch sind sie bei ursprünglicheren Formen nicht in gleicher Weise ausgebildet. Die Regel ist die, daß der harte Stoff, der das feste Hautskelett der Insekten (wie auch der anderen Gliederfüßler) darstellt, in den letzten Ringen des Hinterleibes in das Innere des Körpers für gewöhnlich eingesenkt und nur bei der Paarung hervorgestreckt wird. In der Achse dieses gewöhnlich ungefähr walzenförmigen Gebildes läuft der unpaare Endabschnitt der vereinigten Samenleiter. Dazu können allerlei weichhäutige Hilfsapparate kommen, die nur im Zustande der Tätigkeit des Organes anschwellen und die der weichen äußeren Haut entstammen. Sehr umfangreiche derartige Organe finden sich bei Käfern, Hautflüglern (der Honigbiene), merkwürdig schräg gerichtet sind sie bei Wanzen, sehr vielgestaltig durch die Form ihrer Anhänge bei Schmetterlingen, Fliegen usw. Die Art, wie die Begattung bei den Insekten ausgeführt wird, ist zwar in Einzelheiten der Partner sehr verschieden, aber immer wird der Same durch das geschilderte Organ direkt in die weiblichen Leitungswege, und zwar in einen besonderen Samenbehälter, eingebracht. Dabei ist es weniger wichtig, wenn auch im einzelnen von Interesse, ob die Geschlechter gleichgerichtet sind, entweder das Männchen auf dem Rücken des Weibchens (Käfer, Fliegen) oder das Weibchen auf dem des Männchens sitzend (Flöhe), ob sie einander die Hinterenden zukehren (Schmetterlinge, Köcherfliegen, viele Wanzen), ob sie, wie dies bei einigen der letztgenannten vorkommt, in mehr oder minder stumpfem Winkel vereinigt sind, ob sie sitzen, umherlaufen oder fliegen (Schmetterlinge, Fliegen), ob sie stunden- oder sekundenlang vereinigt bleiben. Die Samenmasse wird teils in flüssiger Form, teils als Spermatophore (Samenkapsel) übertragen. Weit bekannt in Imkerkreisen ist der Fall der Honigbiene, deren Weibchen (Königin) nur einmal in seinem Leben einen Hochzeitsflug ausführt, auf ihm von einem Männchen (Drohne) befruchtet wird, dieses Band jäh zerreißt und in ihrer Geschlechtsöffnung als „Begattungszeichen" das abgerissene Begattungsorgan der Drohne, die dabei ihren Tod gefunden hat, mit in den Stock bringt.

Erwähnt sei hier noch die Besonderheit der Begattung der schon auf S. 27 wegen des Vorhandenseins einer besonderen, hoch ausgebildeten Samenkapsel (Spermatophore) erwähnten Geradflügler, die sich in grabende Grillen und meist pflanzenbewohnende Laubheuschrecken gespalten haben, aber nahe miteinander verwandt sind. Hier ist gewissermaßen die Samenkapsel selbst das Begattungsorgan, das in Form eines mit einer oder zwei Ausführungsgängen versehenen hohlen Körpers in die weibliche Geschlechtsöffnung von unten her eingebracht wird und nun von sich aus den Samen in die weibliche Samentasche entleert.

Hier sei bemerkt, daß solche „Samenkanülen", wie man sie genannt hat, bei sehr viel tiefer stehenden Tieren, den

Rüsselegeln unter den Würmern gleichfalls angewandt werden, in diesem Falle aber von Zwittern gegenseitig in die Haut eingebohrt werden, worauf die Samenzellen sich ihren Weg zu den Eiern, wie bei manchen Plattwürmern (S. 33), suchen müssen.

Wir wenden uns jetzt den *Weichtieren* zu, von denen die höchst entwickelten Formen, die Tintenfische oder Kopffüßler, wegen ihrer sekundären Begattungsarme schon (S. 28) besprochen worden sind. Sie stellen eine Ausnahme dar. Bei den Muscheln findet Besamung der Eier in der Kiemenhöhle durch den Atemstrom statt, der die Samenzellen mitreißt, sei es bei Zwittern oder getrenntgeschlechtlichen Formen.

Ganz anders geht es bei den meisten *Schnecken* zu, von denen uns besonders die einheimischen Formen beschäftigen sollen, an denen seit Jahrhunderten immer wieder Beobachtungen angestellt worden sind. Zuerst sei bemerkt, daß die meisten Meeresschnecken, die sogenannten Vorderkiemer, von denen die deckeltragende lebendiggebärende Schnecke unserer Teiche ein Beispiel auch des süßen Wassers darstellt, fast durchweg getrenntgeschlechtlich sind und im männlichen Geschlecht einen nicht zurückziehbaren Zapfen hinter dem Kopf und dem rechten Fühler tragen, der als Begattungsorgan dient, sei es durch direkte Leitung des Samens in einer Röhre seines Innern oder durch Vermittlung einer flimmernden. Rinne, die dann den Samen aus der Geschlechtsöffnung zu ihm und weiter in die weiblichen Wege leitet. Bei der erwähnten Süßwasserform liegt seltsamerweise das Begattungsorgan sogar *im* verdickten rechten Fühler, an dem das Männchen leicht zu erkennen ist.

Ganz anders bei unseren *Lungenschnecken* der süßen Gewässer und des Landes. In Teichen häufig ist die zwittrige große spitze Teichhornschnecke, die sich leicht in Aquarien halten läßt. Hat man eine Anzahl erwachsener Tiere beisammen, so wird man oft sehen können, wie ein Tier die rechte Seite der Schalenmündung eines anderen besteigt und hinter seinem rechten Fühler ein großes sackförmiges Gebilde ausrollt, so wie ein Handschuhfinger umgestülpt wird. Der Endzipfel dieses Gebildes tritt in eine Öffnung ein, die auf der rechten Seite da liegt, wo der Körper mit einem schlanken Stiel in die Schale eintritt und sich zu einem breiten Rand, dem Mantel, umschlägt. Dies ist die weibliche Öffnung des Zwitters, während das ausgestülpte Gebilde das männliche Begattungsorgan darstellt. So haben wir die nicht häufige Erscheinung, daß bei einem Paare von Zwittern einer als Männchen, der andere als Weibchen dient. Aber es kann noch seltsamer kommen: während ein Paar sich so begattet, begibt sich zuweilen ein drittes Tier auf die Schale des oberen, als Männchen dienenden, und in dessen weibliche Öffnung wird nun wieder ein männliches Organ eingeführt, so daß also während dieser Handlung das mittlere Tier zeitweilig Männchen und Weibchen, das untere nur Weibchen und das oberste nur Männchen ist. Es können sogar auf diese Art ganze Ketten gebildet werden.

Ganz im Gegensatz hierzu ist bei den zwittrigen *Landlungenschnecken*, zu denen als bekannteste Vertreter die Weinbergschnecke, die rote, braune oder schwarze Wegschnecke und die lange grauschwarze bis schwarze Egelschnecke unserer Wälder gehören, gegenseitige Begattung die Regel, und sie verläuft sehr oft, wie bei den genannten Beispielen, unter äußerst seltsamen und auffallenden Umständen, die für die drei erwähnten Arten kurz geschildert werden sollen.

Ein begattungslustiges Weinbergschneckenpaar ist daran zu erkennen, daß zwei Tiere sich bemühen, sich mit den Fußsohlen, einander zugekehrt, so aneinander aufzurichten, daß die Köpfe sich gegenüberstehen, und dabei wird man sehen, daß hinter dem rechten augentragenden großen Fühler jedes Tieres ein kleiner weißer Fleck liegt. Dies ist die Mündung der sehr verwickelt gebauten Geschlechtsorgane, und zwar enthält sie nicht nur die der männlichen und weiblichen Wege, sondern auch noch eines drüsigen Sackes, der im Innern einen spitzen Kalkpfeil, den sogenannten Liebespfeil, enthält. Die Schnecken drücken nun zunächst ihre Köpfe nach links seitwärts so aneinander vorbei, daß sich diese Öffnungen gegenseitig nähern. Und nach langen Bemühungen erfolgt der erste Akt dieses seltsamen Spieles, das man im

Mai in schneckenreichen Gegenden oft in den Morgenstunden beobachten kann, vollständig allerdings nur mit viel Geduld. Es wird nämlich ein weißlicher blasenförmiger Körper aus jeder der beiden Geschlechtsöffnungen hervorgetrieben, der den nach außen umgestülpten gemeinsamen Mündungsraum für die genannten drei Wege darstellt. Aus ihm tritt — meist nur bei einem Tier — der spitze Kalkpfeil aus und bohrt sich kräftig in irgendeine Stelle des anderen Tieres am Vorderkörper ein. Es können auch beide Pfeile gleichzeitig abge-

Abb. 18. Weinbergschnecken in gegenseitiger Paarung
(Nach Meisenheimer.)

geben werden. Nach längerer Ruhepause und oft stundenlangen Bemühungen sind die Geschlechtsöffnungen beider Tiere endlich wieder in die passende Lage zueinander gekommen, und nun tritt aus dem weit vorgestülpten Vorhofe jedes Tieres ein walzenförmiges Begattungsorgan aus, das sich gleichfalls handschuhfingerförmig umstülpt und das Ende des Samenleiters darstellt. Sind beide Organe wechselseitig und aneinander vorbei in die gegenüberliegende weibliche Öffnung eingedrungen, so wird in ungefähr 5 Minuten eine lange, geschwänzte Samenkapsel in die Samentasche des anderen Tieres eingeführt, und beide Tiere trennen sich befruchtet (Abb. 18).

Einfacher, ohne Pfeilausstoßung und ohne Ausrollung

eines längeren Begattungsorganes, aber unter erstaunlichem Hervorquellen der beiden Geschlechtsvorhöfe, und gleichfalls unter Abgabe von Samenkapseln, findet die 2 Stunden dauernde Paarung der *Wegschnecke* statt. Man begegnet oft im Walde solchen vereinigten Paaren, und der Beschauer weiß zunächst gewöhnlich nicht, was das seltsame Schauspiel bedeuten soll.

Bei der dritten Art, der großen nackten gekielten *Egelschnecke* unserer Wälder endlich, sind die äußeren Umstände der Paarung noch sonderbarer, aber deswegen schwerer zu beobachten, weil die Tiere sich meist bei Dunkelheit begatten. Ein Paar, das dies beabsichtigt, umwindet sich an einem Ast, Stamm oder dergleichen schraubenförmig mit nach unten hängenden Köpfen, und auch hier tritt bei jedem Tier hinter dem rechten Fühler ein Begattungsorgan aus, das aber körperlang ist (bei einer südeuropäischen Art über $^3/_4$ m), und diese langen weißen Schläuche umwinden sich gleichfalls in enger Schraube. Jeder von ihnen ist das umgerollte Ende des Samenleiters, aber es wird nicht in die weiblichen Wege des Partners eingeführt, sondern in jedem der beiden Schläuche wandert eine Samenmasse bis zur Spitze herab, wird da von einem in der Ruhe im Innern des Schlauches verborgenen, aber nach der Umrollung fahnenartig abstehenden Hautkamm ergriffen und dem Schlauch des Partners angeheftet, der sie bei seiner Einrollung mit ins Innere und in die weibliche Samentasche nimmt. So ist hier also das Begattungsorgan, obwohl zum männlichen Apparat gehörig, bestimmt, den Samen zu geben und zu empfangen, gewiß ein ungewöhnliches Verhalten.

Weil die Begattung der Lungenschnecken zu dem Auffallendsten gehört, was die Natur auf diesem Gebiete hervorgebracht hat, haben sich schon seit dem 17. Jahrhundert viele Forscher mit diesen Vorgängen beschäftigt; die genauere Erklärung der wesentlichen Vorgänge war erst der neueren Zeit vorbehalten.

Schließlich soll kurz einiges über die Begattung der *Wirbeltiere* gesagt sein. Wir wissen schon, daß von meeresbewohnenden niederen Formen die Haie eine besondere Art der

Begattung haben (S. 24). Unter den eigentlichen Fischen (Knochenfischen) sind es nur wenige, wie die lebendgebärenden Zahnkärpflinge unserer Zimmeraquarien, die eine Begattung aufweisen und dazu einen Strahl der unpaaren Afterflosse benutzen, die beim Männchen umgebildet ist. Über die Lurche ist schon (S. 17 und 20) gesprochen worden. Die höheren Wirbeltiere, zu denen Kriechtiere, Vögel und Säugetiere gehören, begatten sich sämtlich, aber mit Hilfe sehr verschiedener Organe.

Bei *Eidechsen* und *Schlangen* ist das hinter der Afterspalte gelegene Begattungsorgan paarig, aber bei einer Begattung wird jeweils nur eines von ihnen benützt. Ein Eidechsenmännchen beißt sich mit seinen Kiefern vor den Hüften des Weibchens fest, und es ist Zufall, ob es das auf der rechten oder linken Seite tut. Zufall ist es dementsprechend auch, ob es von rechts oder links her seine Kloake unter den Bauch des Weibchens preßt, und je nachdem wird das rechte oder linke Begattungsorgan auf etwa 7 Minuten eingeführt. Seltsamerweise begegnet uns auch hier wieder an den paarigen Begattungsschläuchen die gleiche Art der Hervorstreckung, die wir bei den Schnecken trafen, nämlich eine Umrollung, bei der das Innere nach außen gekehrt wird. Nur ist hier die Beförderung des Samens anders: auf der Innenseite der Schläuche, die in der Ruhe hinter der Kloakenspalte unter der Haut beiderseits liegen, verläuft eine tiefe Rinne, die bei der Ausrollung auf die Oberfläche zu liegen kommt und sich unmittelbar an einen Kloakenwinkel jederseits anschließt. Diese Rinne bildet in diesem Zustand eine Fortsetzung eines der beiden in die Kloake mündenden Samenleiter. So sehen wir hier die Anwendung einer umstülpbaren Rinne, die uns an dem Begattungsorgan einiger Vögel wieder begegnen wird.

Ganz anders, wenn auch gleichfalls rinnentragend, ist das unpaare Begattungsorgan der Schildkröten und Krokodile gebaut. Hier liegt es in der Ruhe innerhalb des Kloakenhohlraumes, der den Enddarm, die Harn- und Geschlechtswerkzeuge aufnimmt, und zwar an dessen Unter- (Bauch-) Seite. Es stellt in der Ruhe einen etwa lang zungenförmigen Fortsatz dar, der nach hinten, nach dem After zu, spitz endet und auf der Mitte seiner Oberfläche der ganzen Länge nach eine Rinne trägt, die zur Leitung des Samens bestimmt ist. Ihre Ränder enthalten schwellbares Gewebe, das sich, bei verstärktem Blutzufluß, zu einem Rohre schließen kann. Das Ganze wird gestützt durch einen aus festem Gewebe gebildeten sogenannten faserigen oder fibrösen Körper, der kaum schwellbar, aber durch Muskeln vorstreckbar ist. Überzogen wird das Ganze von der Kloakenschleimhaut. Bei der Begattung (die nur für Schildkröten genauer beschrieben worden ist) streckt es sich im ganzen unter starker Schwellung der Rinnenränder aus der Kloake hervor und wird in die des Weibchens eingeführt. Bei den Schildkröten besteigt dabei das Männchen den Rücken des Weibchens.

Die mit den Reptilien nahe verwandten *Vögel* begatten sich zwar alle, aber ein eigentliches Begattungsorgan im bisher angewandten Sinn findet sich nur verhältnismäßig selten und nur in wenigen Familien. In der Mehrzahl der Fälle (so bei Hühnern, Tauben, Sperlingen usw.) wird die etwas nach außen gedrückte männliche Kloake gegen und in die sich ebenso verhaltende weibliche gepreßt, und so treffen die männlichen Samenleiter auf die Mündung des einzig vorhandenen linken Eileiters. Das Weibchen muß, wenn es vom Männchen zur Begattung bestiegen wird, seinen Schwanz seitwärts legen, und von der anderen Seite drückt das Männchen seine Kloake schräg gegen die des Weibchens, wie man das bei jedem Hahn oft sehen kann.

Interessant sind die Ausnahmen von der Regel, daß den männlichen Vögeln ein Begattungsorgan fehlt, zunächst deshalb, weil sie bei den größten und in vieler Hinsicht altertümlichsten Vögeln vorkommen, die es heutzutage noch gibt, den Straußvögeln. Dann haben aber auch die Schwäne, Enten und Gänse, die wir als Zahnschnäbler zusammenfassen, ein echtes Begattungsorgan, sonst nur einige Hühnervögel, bei anderen finden sich verkümmerte Zustände eines solchen Organes.

Beim afrikanischen *Strauß* ist das sehr große Organ ähnlich gebaut wie das der Schildkröten und Krokodile. Bei den anderen großen Laufvögeln, Emu, Nandu, Kasuar, und bei den Entenvögeln besitzt es an seiner Spitze einen eingestülpten rinnentragenden Blindschlauch, der, ähnlich den Begattungsschläuchen der Eidechsen und Schlangen, in ausgestülptem Zustande den Samen mit Hilfe seiner Rinne leitet, die dann eine Fortsetzung der am festen Teil gelegenen darstellt. Hier liegt ein besonderer Seitenzweig der Entwicklung dieses Organes vor. Bemerkenswert scheint noch, daß die Enten, Schwäne und Gänse fast sämtlich die Begattung schwimmend auf dem Wasser vollziehen. Vielleicht haben sie, zur Gewährung festeren Haltes, das Organ beibehalten, das sonst ohne Zweifel den Vögeln erst im Laufe ihrer Entwicklung verlorengegangen ist. Sonst paaren sich die Vögel auf dem Lande, Reiher, Störche usw., während das Weibchen steht, sonst duckt es sich in der Regel. Bei unserem Mauersegler kann man zuweilen Begattungen im Fluge sehen.

Die *Säugetiere* endlich besitzen sämtlich ein Begattungsorgan, das in seinen Bestandteilen an das der Schildkröten und Krokodile anzuschließen ist, aber sich von ihm wesentlich dadurch unterscheidet, daß es keine Rinne, sondern eine geschlossene Röhre zur Leitung des Samens und — außer bei den niedrig entwickelten Schnabeltieren, die auch noch eine Kloake, also eine gemeinsame Öffnung für Harn, Kot und Geschlechtswege aufweisen — auch des Harnes besitzt. Auch hier findet sich ein allerdings auch mehr oder weniger schwellbarer faseriger Körper und ein die Harnröhre begleitender „schwammiger Körper", wozu an der Spitze noch eine schwellbare Verdickung, die Eichel, kommen kann. Die feste Scheide des Faserkörpers kann, wie bei Hunden, Bären, Affen und vielen anderen Säugetieren, verknöchern, wodurch das Organ größere Festigkeit gewinnt.

Die Mündung der Harn-Geschlechtswege trennt sich mit zunehmender Entwicklungshöhe immer weiter vom After, so daß eine ursprünglich in der Kloake gelegene, das freie Ende des Begattungorganes in der Ruhe umhüllende Tasche, die Vorhauttasche, bei Huftieren (Rind, Schwein) am Bauche bis zur Nabelgegend vorrücken kann, in seltenen Fällen (Fledermäuse, Mensch, angedeutet bei Affen) löst sich das ganze

Organ von der Bauchhaut, und die Vorhauthöhle schützt nur noch die Eichel.

Während wir jetzt wissen, daß bei den Vögeln es die allgemeine Körperflüssigkeit (Lymphe) ist, die bei der Tätigkeit das Begattungsorgan zur Schwellung bringt, ist es bei den Säugetieren das Blut, das durch verstärkten Zufluß und verhinderten Abfluß dem Organ die zur Ausführung seiner Aufgabe nötige Beschaffenheit verleiht. Unter dem Einfluß besonderer Nerven erfolgt dann, wenn das Begattungsglied in die weibliche Scheide eingeführt worden ist, die Entleerung des Samens. Mit wenigen Ausnahmen besteigt dabei das männliche Tier von hinten her den Rücken des Weibchens, da nur dann eine Vereinigung der oft bei beiden Geschlechtern sehr verschieden gelegenen Organe möglich ist.

Diese keineswegs vollständige Übersicht über Bau und Verrichtung der männlichen Begattungsorgane zeigt uns, mit wie verschiedenen Mitteln die Natur arbeitet und was für Kräfte sie in Bewegung setzt, was für seltsame und oft anscheinend im menschlichen Sinne „unpraktische" Wege sie einschlägt, um mit großem Aufwand das Ziel zu erreichen, daß zwei Keimzellen verschiedenen Geschlechtes sich treffen, um ein neues Lebewesen zu gründen. Die oft so umständlichen Handlungen, die zur Ausübung der Fortpflanzungstätigkeit notwendig sind, werden nun von jedem Tier einer Art in derselben Weise ausgeführt, und daß die Tiere immer von selbst das Richtige tun, zeigt, wie diese Tätigkeiten in das Gebiet der „Instinkte", der „angeborenen Bereitschaften" gehören, die das tierische Leben großenteils regeln. Wir werden uns aber nun die Frage vorzulegen haben, wie es möglich ist, daß zwei Tiere (verschiedenen Geschlechtes oder zwei Zwitter) einer Art im richtigen Augenblick zueinander finden, wie sie gegenseitig aufeinander aufmerksam werden, wodurch sie einander und ihren beiderseitigen Willen zur Paarung erkennen. Wir werden also von dem *Trieb* zu sprechen haben, der die Geschlechter zeitweise, und zwar zur rechten Zeit, zusammenführt. Ein Tier kann das andere aus einer größeren oder geringeren Entfernung nur durch Sinneswirkungen wahrnehmen, und wir wollen im folgenden sehen, in welcher Weise die verschiedenen Sinne bei der gegenseitigen (in manchen Fällen auch ziemlich einseitigen) Auffindung der Geschlechter beteiligt sind.

Die Bedeutung des Sinneslebens für das Zusammenfinden der Geschlechter.

Allgemeines.

In den verschiedenen Stämmen und Arten der Tiere sind die Möglichkeiten für ein Zusammentreffen fortpflanzungsfähiger Einzelwesen sehr verschieden groß. Wer jemals einen Schwarm bestimmter Arten von Eintagsfliegen gesehen hat, wie man sie über Flüssen an Sommerabenden als eindrucksvolles Erlebnis zuweilen sehen kann, wer gesehen hat, wie die Insekten wie Flocken im dichtesten Schneegestöber durcheinanderflattern, wie sie sich überall klirrend mit ihren Flügeln stoßen und mit einem eigentümlichen Geruch die Luft weithin erfüllen, der wird sich nicht wundern, wenn er erfährt, daß es sich um einen Paarungsflug handelt, und daß sich in ihm die Paare zu Tausenden an einem Abend zusammenfinden, zur Begattung, die für die Männchen den Tod fast unmittelbar nach sich zieht, während die Weibchen vorher noch ihre Eier legen, dann aber dem gleichen Schicksal verfallen. Hier haben wir eine derartige Massenhervorbringung von Einzelwesen einer Art auf kleinem Raume, daß die Tiere sich nicht lange zu suchen brauchen, daß es im Gegenteil schwer für eines von ihnen sein wird, nicht alsbald einen Partner des anderen Geschlechtes zu finden (Abb. 19).

Und nun ein anderes Bild: von einer seltenen Nachtfalterart verläßt ein weiblicher Schmetterling seine Puppenhülle und ist nun alsbald begattungsfähig und auch willig dazu. Aber ringsum, vielleicht auf Kilometer im Umkreise, ist kein Männchen der Art zu finden, selbst bei emsigstem Suchen. Beobachten wir das Tier in den Dämmerungsstunden, so sehen wir, wie es mit seiner Hinterleibsspitze eigentümlich pumpende Bewegungen ausführt, und nach einigem Warten ereignet sich etwas Überraschendes: ein Männchen der gleichen Art, noch eines und vielleicht ein drittes und mehr erscheinen in wildem Zickzackfluge über dem Standort des

Weibchens, eines erreicht zuerst das Ziel seines Suchens, und
die Paarung findet statt. Dieser Fall liegt ganz anders als
der vorher erörterte: hier ist die Schwierigkeit des Auf-
findens der Weibchen für die Männchen anscheinend ungeheuer groß, aber sie wird auf weite Entfernungen hin über-
brückt, und es werden durch eine Wirkung über diese Ferne
hinweg schließlich mehr Männchen
zu einem einzigen Weibchen hin-
gelenkt, als eigentlich nötig wären.

Ein dritter Fall: ein Männchen der
grünen Heuschrecke zirpt am Spätnachmittag auf einem Felde. Es
schwingt unermüdlich seine Ober-
flügel in schwirrender Bewegung
und scheint auf nichts zu achten,
was in seiner Umgebung vorgeht.
Da erscheint plötzlich ein Weibchen
der gleichen Art, nähert sich dem
Männchen, das sein Zirpen unter-
bricht, sobald die langen Fühler des
Weibchens die seinen berühren. Nun
geschieht das Seltsame, daß das
Weibchen den Rücken des Männchens besteigt und die Begattung
einleitet, die, wie wir früher sahen
(S. 27), mit der Abgabe einer riesigen Spermatophore (Samenkapsel)
vom Männchen an das Weibchen

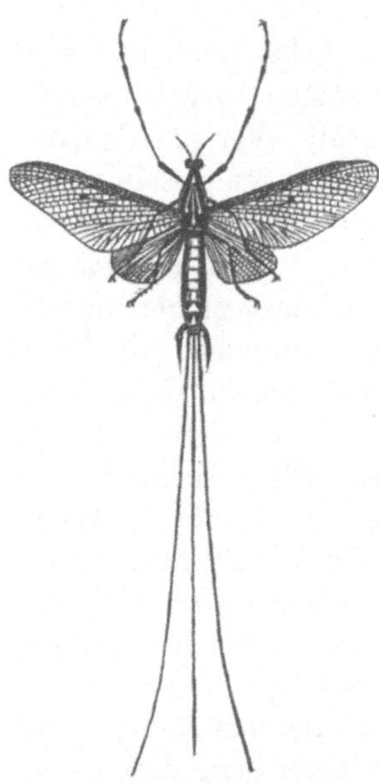

Abb. 19. Männchen der
gemeinen Eintagsfliege.
(Nach Cuvier.)

endet. Hier haben wir das Umgekehrte zum vorigen Fall:
ein Weibchen sucht sein Männchen auf, und es kann niemand
zweifelhaft sein, in welcher Weise und durch welche Mittel
das Männchen seine Fernwirkung ausübt.

Es sind *Sinneseindrücke*, die die Geschlechter zueinander-
führen, aber es können sehr verschiedene Sinne sein, die in
den Dienst der Sache gestellt werden. Im ersten heran-
gezogenen Falle ist es die Berührung, also der Tastsinn, der
innerhalb des Schwarmes die Tiere zueinanderführt, im zweiten ein Sinnesreiz, der, wie wir sehen werden, am ehesten

unserer Geruchsempfindung gleichzustellen ist; im dritten ist es eine Gehörswirkung.

Ferner lehren die drei Fälle, daß in zweien von ihnen das eine Geschlecht deutlich durch das andere aufgesucht wird, und zwar in einem das männliche, was einen selteneren Fall darstellt. Im Falle des Eintagsfliegenschwarmes kann man aber eigentlich nicht von einem solchen Aufsuchen des einen Geschlechtes durch das andere sprechen, sondern hier haben beide annähernd die gleichen Aussichten.

Wir wollen nun eine Reihe von Tatsachen besprechen, die die Wirkung des Sinneslebens auf das Zusammenkommen der Geschlechtstiere (und in manchen Fällen auch von Zwittern) erläutern sollen.

Die Sinne im Dienste des Geschlechtslebens.

1. Der Gesichtssinn. Man sollte denken, daß von allen Sinnen, die den Raum überbrücken, der Gesichtssinn der sei, der am leichtesten Tiere einer Art, also auch die beiden Geschlechter, sich gegenseitig erkennen ließe. Trotzdem dürfte im ganzen den Gesichtseindrücken ein geringerer Einfluß hierbei zukommen, als man geneigt wäre zu denken, und es sind nicht allzu viele Fälle, in denen eine Wahrnehmung des einen Geschlechts durch das andere mit *ausschlaggebender* oder alleiniger Hilfe des Gesichtssinnes bewirkt würde. Es werden sehr häufig mindestens noch andere Sinne mitspielen.

Es kommt für die Beurteilung dieser Frage vor allem darauf an, welche Rolle der Gesichtssinn im allgemeinen im Leben der betreffenden Tierart spielt. Gering ist sie z. B. beim Hunde, der in der Hauptsache als „Nasentier" anzusehen ist. Überdies suchen sich viele Tiere im Dunkeln auf, ganz abgesehen von den in ewiger Finsternis lebenden Höhlen- und Tiefseetieren, deren Augen oft ganz oder teilweise verkümmert sind. Hier werden andere Sinne die Brücke zwischen den Geschlechtern schlagen. Groß wird die Bedeutung des Gesichtssinnes aber sein bei den ausgesprochenen „Augentieren", zu denen die meisten Vögel gehören. Auch werden sich selbst im Dunkeln Tiere mit Hilfe des Auges da finden können, wo, wie bei unseren Leuchtkäfern,

Lichtsignale zwischen ihnen ausgetauscht werden. Hier lockt das im Grase sitzende flügellose Weibchen das fliegende, schwächer leuchtende Männchen durch sein stetiges helles Licht an.

Als unterstützender Sinn kann aber auch da das Gesicht mit verwendet werden, wo andere Sinne beim Auffinden der Geschlechter größere Bedeutung haben. Ein schönes Beispiel hierfür bilden die Eintagsfliegen, deren Männchen bei manchen Arten durch nach oben gerichtete sogenannte Turbanaugen ausgezeichnet sind. Es ist aber bemerkenswert, daß diese Turbanaugen bei den Arten am stärksten entwickelt sind, bei denen nicht in solch gewaltigen Schwärmen ge-

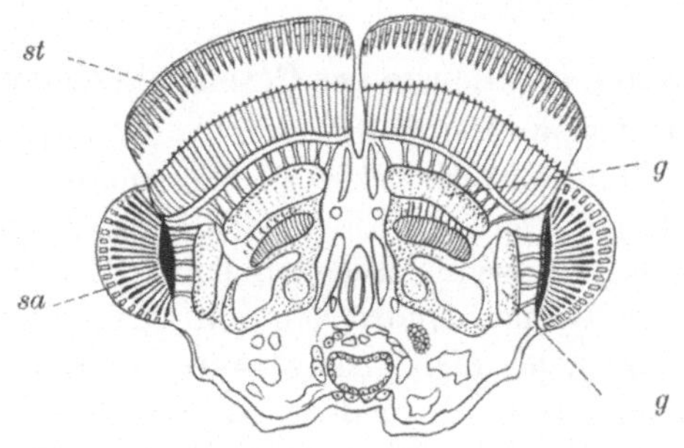

Abb. 20. Kopf einer männlichen Eintagsfliege mit den Seitenaugen *sa*, den Stirn- (Turban-)Augen *st* und *g* Gehirn. (Nach Zimmer.)

flogen wird, wie sie besonders bei dem sogenannten Uferaas, dem „Manna“ der französischen Fischer, auftreten (Abb. 20). Hier ist ein solches Suchen weniger nötig. Anders ist es bei den in geringerer Kopfzahl auftretenden Arten, wie unserer gemeinen großen Eintagsfliege, bei denen die Männchen, ständig senkrecht aufsteigend und wieder herabschwebend, für sich in der Luft tanzen, wobei ihnen ihr nicht der Nahrungsaufnahme dienender, luftgefüllter Darm als eine Art von Schwebeballon dient, und bei denen die Weibchen in etwas größerer Höhe über einem solchen Männchenschwarm waagrecht hinwegfliegen. Hier ist das richtige Betätigungsfeld für die Turbanaugen, und man sieht, wenn man dem Spiel der Männchen folgt, wie sich von Zeit zu Zeit eines nach

5o

oben auf ein Weibchen stürzt und es mit seinen langen, hochgeschlagenen Vorderbeinen ergreift und seinen Hinterleib unter dem des Weibchens befestigt.

Eine große Anzahl von Fällen einer Betätigung des Gesichtssinnes im Geschlechtsleben gehört im Gegensatz zu den gegebenen Beispielen nicht in das uns beschäftigende Kapitel. Wenn ein männlicher Vogel alle Reize seines Gefieders in der sogenannten „Balz" entfaltet, so tut er das sicher in gewissem Sinne für das Weibchen. Aber er stellt sich nicht mitten in den Wald und balzt geräuschlos und wartet, bis ihn ein Weibchen von weitem sieht. Darauf, daß die Tiere sich als Geschlechtswesen einer Art von weitem erkennen, kommt es aber für unsere augenblickliche Betrachtung an. Daher werden auch alle übrigen „Schmuckfarben, Schmuckformen" usw., die in Beziehung zu der Gestaltsverschiedenheit der Geschlechter stehen, in ihrer Bedeutung in einem anderen Abschnitt gewürdigt werden.

Hier sollte zunächst festgestellt werden, daß für die Auffindung der Geschlechter auf größere Entfernung das Gesicht nicht allzuoft eine ausschlaggebende Rolle spielt. Für die *Spinnen* hat man sehr deutlich zeigen können, wie nur die sehr gut sehenden und bei Tage lebhaften Formen, wie die Springspinnen, von denen im Mai eine zebraartig schwarzweiß gestreifte kleine Art an unseren Fenstern herumsteigt, ihre Weibchen im männlichen Geschlecht wirklich von weitem „sehen", wie in anderen Familien aber andere Sinne an Stelle des Gesichtes gerade beim Suchen und Finden der Weibchen treten. Von diesen anderen Sinnen wird nun zu sprechen sein.

2. Die Bedeutung des Gehörs für das Zusammenfinden der Geschlechter. Wir alle wissen, daß die Grillen und Zikaden zirpen, daß die Frösche quaken und die Vögel singen, und viele wissen auch, daß bei allen diesen Tieren nur die Männchen stimmbegabt sind. Schon ein Dichter des alten Griechenlands hat, nicht eben galant, die Zikaden — die in Deutschland nur in Weingegenden zu hören sind — glücklich gepriesen, weil ihre Weiber stumm sind. Wenn nun nur die Männchen singen, quaken oder zirpen, so muß das doch

wohl die Bedeutung eines *Locktones* für das Weibchen haben.
So scheint es zunächst; wir wollen aber sehen, wieweit diese
Annahme sich als richtig erweisen wird, soweit sie sich mit
Sicherheit nachprüfen läßt. Das aber ist wegen unserer man-
gelhaften Kenntnis der Tierseele nicht in allen Fällen möglich.

Fangen wir mit den Heuschrecken und Grillen an, den bekanntesten lauterzeugenden Insekten. Schon in dieser Gruppe
der Gradflügler haben sich zwei Stämme weit voneinander
gesondert: die mit den verdickten Sprungschenkeln an den
Seiten des Hinterleibes geigenden Feldheuschrecken — zu
denen außer den südlicheren großen Wanderheuschrecken
auch unsere kleinen Grashüpfer gehören, die im Spätsommer
und Herbst unsere gemähten Wiesen zu Tausenden bevöl-

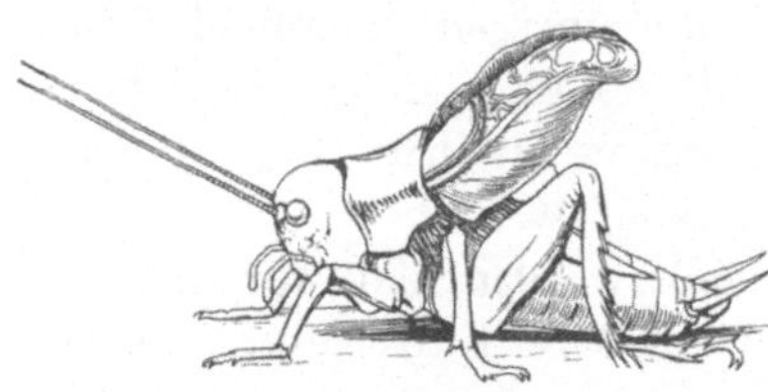

Abb. 21. Zirpendes Feldgrillenmännchen.
(Nach Regen.)

kern —, übrigens die schwächer begabten Musikanten,
und die andere Gruppe, die
sich zum Teil — als Grillen
oder Grabheuschrecken —
unter die Erde begeben
hat, zum Teil als Laub-
heuschrecken größtenteils
oberirdisch lebt. Beide mu-
sizieren mit den Oberflügeln, die in ihrem Wurzelteil mit
dem Stimmapparat bei manchen Formen das einzige sind, was
von den Flügeln übriggeblieben ist. Nur sehr selten können
auch die Weibchen zirpen, aber dann schwächer als die
Männchen und nicht als Ruf für diese, zuweilen als Antwort
auf deren Locktonruf (Abb. 21).

Es war (S. 48) geschildert worden, wie bei der grünen
Heuschrecke das Weibchen zum Männchen kommt und offenbar dessen Zirpen folgt. Es handelt sich hier um einen echten
Lockton. Ebenso lebhaft gehen die Weibchen der gemeinen
Feldgrille auf den Sang der Männchen ein, nur spielt sich
hier die Sache im allgemeinen unter natürlichen Umständen
so ab, daß das Männchen vor der Höhle eines Weibchens
sitzt und es durch sein anhaltendes Zirpen hervorlockt, worauf die Paarung erfolgt. Nicht immer liegt die Rolle des
Zirpens als eines eigentlichen Anlockens der Weibchen durch

52

die Männchen so klar, und diese weniger klaren Fälle sind lehrreich, weil sicher ursprünglicher. Es gibt viele schwach zirpende Formen, deren Männchen nur dann ihre Flügel zu einem schwach kratzenden Geräusch gegeneinander bewegen, wenn ein Weibchen in ihre Nähe kommt. Hier ist das Zirpen mehr eine Äußerung der durch diese Annäherung schon hervorgerufenen Erregung als ein eigentliches Locken. Alle möglichen Übergänge lassen sich zwischen diesen beiden Graden der Bedeutung des Zirpens nachweisen. Es gibt auch völlig flügellose, daher stumme Grillen und Laubheuschrecken, und sie müssen sich auf andere Weise, durch ihre langen Fühler, verständigen. Beachtenswert scheint der eigentümliche Fall der kleinen einheimischen grünen Eichenheuschrecke, deren wohlgeflügeltes Männchen oft in Gärten im Spätsommer abends ans Licht geflogen kommt. Dieser Art fehlt — was eine große Ausnahme darstellt — in den Flügeln des Männchens das Zirporgan vollständig, und die Art galt deshalb für stumm. An gefangenen Tieren der Art konnte ich im Sommer 1913 zum ersten Male hören, daß die Männchen hier nicht zirpen, wohl aber ein Lockgeräusch im eigentlichen Sinne hervorbringen, und zwar auf recht unerwartete Weise: die mit zwei harten Haken versehene Hinterleibsspitze

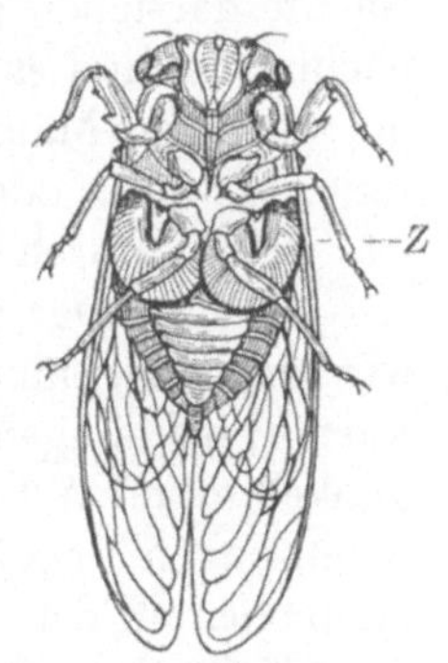

Abb. 22. Männchen der Singzikade von der Bauchseite. *Z* Zirporgan. (Nach Landois.)

wird bei hochgehobenen Flügeln heftig trommelnd gegen die Unterlage bewegt, so daß ein schnurrendes, gar nicht sehr leises Geräusch zustande kommt, auf das hin die Weibchen die Männchen aufsuchen.

Bei allen diesen erwähnten Insektenformen sind echte Gehörorgane vorhanden, bei den Feldheuschrecken an den Seiten des Hinterleibes, bei den Grillen und Laubheuschrecken in den Vorderbeinen. Es ist sonderbar, daß die grabende Maulwurfsgrille die Gehörorgane in den plumpen Grabfüßen trägt; aber die empfindlichen Sinnesorgane sind durch eine Art von Schutzdeckel gegen Sand und Staub geschützt.

In ganz anderer Weise bringen die *Zikaden* ihre Töne zuwege; das Männchen besitzt an der Bauchseite, an der Grenze von Brust und Hinterleib, ein breites Schuppenpaar, das ein großes tamburinartiges Trommelfell bedeckt, das durch Muskeln in Schwingungen versetzt wird. Auf diese Art werden schon von den europäischen Arten (so von der in Franken „Lauer" genannten großen Singzikade), zumal wenn viele Männchen gemeinsam ihr Geschwirr ertönen lassen, schon recht eindringliche und auf die Dauer ermüdende Geräusche erzeugt. Noch viel leistungsfähiger sind die großen Arten der Tropen, die ein wichtiges Glied in den Konzerten der heißen Nächte darstellen (Abb. 22). Die Zikadenmännchen schwirren nächtelang, und es wird angegeben, das sich die Weibchen um die singenden Männchen sammeln. Wieweit das Schwirren als reiner Lockton oder als Reizton für das Weibchen anzusehen ist, müßte durch genaue Beobachtung entschieden werden.

Noch bei einer anderen Gruppe von Gliederfüßlern finden wir zirpende Männchen, wo wir es wohl am wenigsten erwarten: bei einigen *Spinnen*, von denen eine, eine nicht große dunkelbraune Art, die *Fettspinne*, in den Fenstern unserer Wohnungen gegen den Herbst häufig ist. Hier besitzt das Männchen an dem dünnen Stiel zwischen Kopfbruststück und Hinterleib einen Zirpapparat, der aus einer gezahnten Kante an der Wurzel des Hinterleibsrückens und einer gekerbten Platte am Hinterrand der Brust besteht. Wenn das Männchen um das Weibchen wirbt, so verfertigt es ein kleines Gewebe, auf das es durch Schütteln und durch Bewegung des Hinterleibes gegen die Brust, also durch Hervorbringung des für das menschliche Ohr leise hörbaren hohen Zirptones, das Weibchen zur Paarung lockt. Noch bei einigen Spinnen findet sich Ähnliches, es ist aber noch nicht nachgewiesen, mit welchen Organen die Weibchen diese Geräusche wahrnehmen.

Die bekanntesten Sänger unserer süßen Gewässer sind die *Frösche* und Kröten, von denen besonders die Unke durch ihr melodisches Läuten auffällt. Es sind Aussackungen des Kehlkopfes, mit denen die Männchen vom Beginn der Paarungszeit an ihre nach der Art so verschiedenen Töne hervorbringen; es sei nur an das Lachen und Quaken der Wasserfrösche, an das Murren der Grasfrösche, das Quäken des Laubfrosches, das Trillern der Wechselkröte und das dumpfe, leise Brummen der Erdkröte erinnert. Aber es ist die Frage, ob es sich um einen eigentlichen Locklaut oder nur um eine Äußerung des durch die Geschlechtsreife hervorgerufenen gehobenen Zustandes handelt; denn Wasser- und Laubfrosch schreien noch, wenn die Laichzeit längst vorüber ist, ebenso wie die Singvogelmännchen nicht nur zur Paarungszeit singen — wenigstens nicht alle —, sondern noch, während das Weibchen brütet.

Damit sind wir bei der ganz ähnlichen Frage: wozu singen die Vogelmännchen, angelangt, und sie ist nicht einfach damit zu beantworten: „um das Weibchen zu locken". Bei diesen stimmbegabten Tieren hängt ganz unzweifelhaft der Gesang der Männchen mit der Reife der Keimdrüsen zusammen — denn zu anderen Zeiten singen sie nicht —, aber die wirklichen Locklaute, die es sicherlich gibt, sind etwas anderes als der eigentliche „Gesang". Immerhin mußten diese Dinge hier erwähnt werden, weil sie im Zusammenhang stehen mit der Geschlechtstätigkeit und sicher die Beziehungen zwischen den Geschlechtern mit vermitteln helfen. Aber wie erwähnt, spielt bei der Auffindung von zwei Partnern bei den Vögeln das Auge sicher auch eine große Rolle.

Viele *Säugetiere* stoßen während der Paarungszeit Laute aus, die sie sonst nicht von sich geben, und ein Teil davon mögen eigentliche Lockrufe sein. So ausgeprägt sind sie es aber nicht wie bei den Heuschrecken und Grillen, bei denen sich das Männchen zirpend auf seinen Warteposten setzt und geduldig musiziert, bis ein Weibchen erscheint.

So sehen wir, daß als Vermittlungsglied zwischen den Geschlechtern und zum Teil sogar zu ihrer Zusammenführung aus größerer Entfernung der Gehörsinn bei vielen Tieren, zum Teil neben anderen Sinnen, eine wesentliche Rolle spielen kann.

3. Der Geruchssinn und das Geschlechtsleben. Für eine Reihe von Tieren steht unter den Sinnen, die die Geschlechter zueinander leiten, der Geruch ausgesprochen im Vordergrund. In der allgemeinen Einleitung zu diesem Abschnitt (S. 47)

war schon von der Tatsache die Rede, daß ein eben aus-
gekrochenes Weibchen gewisser Schmetterlings- (Spinner-)
Arten Männchen auf weite Entfernungen herbeilocken kann,
und zwar sieht man äußerlich an dem Weibchen nur, daß es
mit der Hinterleibsspitze eigentümlich pumpende Bewegungen
unter fortwährender Verlängerung und Verkürzung ausführt
(Abb. 23). Bei manchen treten dabei drüsige Säcke aus. Das, was
das Tier dabei tut, ist die Erfüllung der Luft mit Riechstoffen,
die anregend und anlockend auf unter Umständen kilometer-
weit entfernte Männchen wirken. Man hat festgestellt, daß für
die Männchen zur Empfindung dieser Duftstoffe der unver-
sehrte Besitz ihrer Fühler notwendig ist, in denen, wie auch

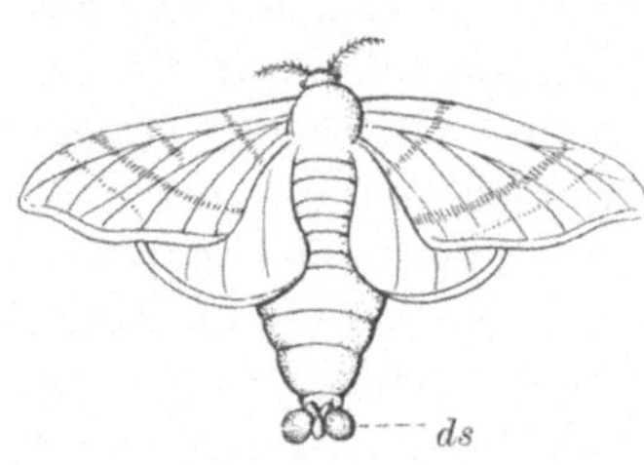

Abb. 23. Weibchen des Seiden-
spinners mit ausgestülpten Duft-
säcken (*ds*). (Nach Freiling.)

bei anderen Insekten, der Sitz
der Geruchsempfindung liegt. Es
ist unglaublich, welche Mengen
von Männchen sich dann um
ein einziges Weibchen einer Art
sammeln können, wenn man die
Begattung verhindert, was man
zweckmäßig dadurch tun kann,
daß man das Weibchen mit
Drahtgaze bedeckt. Diese Wirkung der Weibchen wird von
Sammlern geradezu zur Anlegung von Männchenfallen benutzt, und es gelingt oft nur so, Männchen seltener Arten zu
bekommen. Nach der Begattung hört die Fernwirkung des
Weibchens auf die Männchen auf.

Bei anderen Schmetterlingen, die zu den Tagfaltern gehören, besitzen die *Männchen* am Rande der Hinterflügel in
besonderen Hauttaschen Büschel von Haaren oder Schuppen,
die einen oft auch für den Menschen angenehmen Geruch
ausströmen, und die als *Duftschuppen* bezeichnet werden.
Allerdings werden sie kaum in der Weise die Weibchen an-
locken wie deren Duftdrüsen im erwähnten Fall die Männchen, und sie stellen wohl mehr eine Form von Reizorganen
dar (Abb. 24).

Ausgesprochene Geruchseinwirkung als Mittel, die Männchen zu den Weibchen zu führen, treffen wir wieder an in

56

einer ganz anderen Klasse der Tiere, nämlich bei den *Säuge-tieren*, in deren Leben der Geruch eine Rolle zu spielen pflegt (ausgenommen die wasserbewohnenden Wale und Seekühe), von der sich der Mensch mit seinem verhältnismäßig verkümmerten Geruchsorgan sicher keine Vorstellung machen kann.

Nur ein Beispiel soll dies erläutern: eine Hündin, die paarungsbereit („läufig") ist, wird auf dem Lande oft nicht nur von Hunden desselben Dorfes, sondern auch aus benachbarten Ortschaften aufgesucht. Es ist der Geruchssinn, der die männlichen Tiere untrüglich zum Ort des Weibchens lenkt, dessen Ausscheidungen zu dieser Zeit den Weg weisen. Auch bei anderen Säugetieren kann nun zwar auch der Geruchssinn als Mittel zum Zusammenfinden der Geschlechter eine Rolle spielen, die aber nicht so ausschlaggebend zu sein braucht, da daneben auch andere Sinneseindrücke mitwirken können.

Abb. 24. Duftschuppen eines männlichen Tagschmetterlings. (Nach Doflein.)

4. Der Tastsinn und das Geschlechtsleben. Man hat oft den Tastsinn als den ursprünglichsten aller Sinne bezeichnet, aus dem erst alle übrigen sich gesondert hätten. Es ist sicher richtig, daß sich niedere tierische Organismen in erster Linie mit Hilfe des Gefühls zurechtfinden. Wo andere Sinne gering oder nicht entwickelt sind, wo ewige Dunkelheit das Gesicht ausschaltet, wenn außerdem keine Lautäußerungen möglich sind, wie bei blinden ungeflügelten Höhlenheuschrekken, dann muß der Tastsinn als Verständigungsmittel in den Vordergrund treten. Es können auch Ausscheidungen eines Tieres, wenn sie von einem paarungslustigen Artgenossen berührt werden, zu einem Wegweiser für das Auffinden zweier Tiere werden. Das ist z. B. der Fall bei Schnecken, bei denen oft im Walde eine die Schleimspur der anderen bis zum Auffinden des Tieres verfolgt.

Auch bei der früher geschilderten Werbung der Kreuzspinnenmännchen wird anscheinend die Anwesenheit des Weibchens in dem Nest, mit dessen Fäden das Männchen in Berührung kommt, zunächst durch den Tastsinn festgestellt.

In beiden Fällen dürfte es sich höchstwahrscheinlich um die Vereinigung einer Tastempfindung mit einem chemischen Sinne handeln, für den wir in unserem eigenen Sinnesleben keine rechten Vergleichungsmöglichkeiten besitzen.

Durch einen Berührungsreiz und die Vermittlung des Tastsinnes werden ferner viele Fische über die Nähe der Tiere des anderen Geschlechtes unterrichtet. Wenn wir den Leib eines Fisches, etwa eines Hechtes, Karpfens oder Weißfisches, betrachten, so sehen wir an den Seiten des Rumpfes, hinter dem Kopf beginnend, eine feine Linie verlaufen, die die Seitenfläche in ein oberes und unteres, nicht gleich großes Feld teilt. Es ist das die sogenannte „Seitenlinie" der Fische, die der Sitz von zahlreichen Hautsinnesorganen ist. Sie liegen in einer Rinne und sind teilweise überdacht und so gegen Beschädigung und Abstumpfung geschützt. Wenn nun von außen Wasserwellen gegen diese Linie schlagen, so empfindet das Tier die Druckschwankungen. Gehen aber solche Wellen von einem anderen Tier der gleichen Art aus, durch dessen Bewegungen verursacht, so empfindet offenbar nach allen Beobachtungen der Fisch, ob der Sender dieser Wellen männlich oder weiblich ist. Bei den Laichwanderungen der Fische spielt zum Zusammenhalten der Laichpartner die Seitenlinie wiederum eine bedeutende Rolle, und so dient sie nicht nur zum Finden, sondern auch zum Festhalten des anderen Geschlechtes.

Ganz anders sieht die Rolle des Tastsinnes aus, die er *nach* dem Zusammenfinden der Geschlechter spielt, also dann, wenn die eigentliche Paarungshandlung oder das, was ihr entspricht, eingeleitet werden soll. Dann können Tastorgane in der verschiedensten Form und Weise Verwendung finden, und sehr häufig sind sie bei den Geschlechtern verschieden gebaut. Jedenfalls ist dann die Verwendungsfähigkeit dieses Sinnes zu Zwecken, die dem Zusammenwirken der Geschlechter dienen, ungeheuer groß.

Die Werkzeuge zum Aufsuchen des anderen Geschlechtes.

Allgemeines.

Wenn Tiere eine festsitzende Lebensweise führen, müssen, wie wir sahen, ihre Keimzellen außerhalb der Tierkörper ihren Weg zueinander aus eigener Kraft und Bewegung finden, und es sind die *männlichen* Zellen, die beweglichen Samenfäden, denen die Aufgabe zufällt, die fast immer unbeweglichen Eizellen aufzusuchen. Sind die Organismen im ganzen beweglich, so können beide mit gleichem Kraftaufwand zueinander hinstreben, wie es bei Fischen, Meereswürmern u. a. der Fall ist. Häufiger aber spielt *eines* der beiden Geschlechter die suchende Rolle, und das andere läßt sich auffinden, wie uns das ja in der Betrachtung über die Funktion der Sinne bei diesem Suchen und Finden schon wiederholt entgegengetreten ist. In der überwiegenden Mehrheit der Fälle ist es nun bei den Tieren selbst so wie bei den Keimzellen: das männliche Geschlecht ist sehr häufig das Aufsuchende und das weibliche das Ruhende. Nun beobachten wir im Tierreich ganz allgemein die Tatsache, daß Werkzeuge, die wenig oder nicht gebraucht werden, einer Verkümmerung unterliegen, und daß umgekehrt starker Gebrauch ein Organ kräftigt und vergrößert. So kommt es, daß der Grad der Beweglichkeit, besonders bei fliegenden und schwimmenden Tieren, oft bei beiden Geschlechtern sehr verschieden groß ist, daß dementsprechend die Werkzeuge der Ortsbewegung bei einem Geschlecht oft außerordentlich stark entwickelt, bei dem anderen häufig verkümmert sind. Und nach dem Gesagten ist es nicht zu verwundern, daß dies beweglichere Geschlecht meist das männliche ist.

Noch ein Zweites geht damit Hand in Hand: die Sinnesorgane des beweglicheren Teiles sind meist stärker ausgebildet als die des sich ruhig verhaltenden, und zwar gerade die Organe, die bei dem Aufsuchen die entscheidende Rolle spielen. Dadurch kann es kommen, daß die beiden Geschlechter einer Art sehr verschieden aussehen, so verschieden, daß entweder die Beobachtung der Paarung oder die Aufzucht aus einem Gelege allein den Beweis liefern konnten, daß es sich in der Tat um dieselbe Art handelt. So kommt es auch, daß Männchen und Weibchen einer Art — allerdings nicht bei den uns im täglichen Leben umgebenden höheren Wirbeltieren, aber bei sehr vielen niederen oder höheren wirbellosen Tieren — manchmal eine ganz verschiedene Stufe der Entwicklung aufweisen, und diese Verschiedenheit wird vergrößert durch die dem weiblichen Organismus nach der Vereinigung mit dem Männchen zukommenden weiteren Aufgaben der Sorge um die Nachkommenschaft.

So wird *sehr* oft ein Zustand herbeigeführt, der uns nach unseren Erfahrungen aus unserer Umgebung und an uns selbst zunächst fremdartig erscheinen muß: wir sind gewohnt, das weibliche Geschlecht als das körperlich schwächere zu betrachten, und wenn wir an den Menschen, an etwa den Stier, den Löwen oder den Hahn denken, scheint diese Meinung gerechtfertigt. Aber sie erfährt eine Berichtigung, wenn wir unsere Blicke weiter über das Tierreich schweifen lassen, und im ganzen genommen sind die Fälle sehr häufig, ja bei Gliederfüßlern, vielen Würmern und anderen Wirbellosen die Regel, daß das Männchen kleiner, oft sehr viel kleiner, und in einigen Fällen geradezu zwerghaft klein gegenüber dem Weibchen ist.

Zunächst soll uns hier aber nicht die Kleinheit und manchmal auftretende Verkümmerung des Männchens beschäftigen, sondern seine Ausstattung mit Werkzeugen zum Aufsuchen des Weibchens. Es werden uns auch die seltenen Fälle hier interessieren, in denen einmal umgekehrt dem Weibchen die größere Beweglichkeit zukommt; denn auch das kommt vor. Es darf aber nicht vergessen werden, daß auch die Kleinheit z. B. der Insekten- und Spinnenmännchen ein Teilausdruck ihrer höheren Beweglichkeit sein kann, so daß also Kleinheit und gesteigerte Entwicklung der Bewegungs- und Sinnesorgane häufig bei den männlichen Tieren einer Art zusammenfallen. Kleinheit und Rückbildung von Organen werden also getrennt zu besprechen sein.

Die Ausbildung der Bewegungsorgane und das Geschlechtsleben.

Unter den Insekten finden wir in den verschiedensten Ordnungen und Familien geflügelte Männchen neben Weibchen, deren Flugorgane höhere oder geringere Grade der Verkümmerung bis zu vollständigem Fehlen aufweisen. Hier können wir aus diesen Befunden schon den sicher richtigen Schluß ziehen, daß das Weibchen vom Männchen aufgesucht wird. Wir finden an Laubholz in unseren Wäldern sehr häufig eine Raupe, die schwefelgelb ist, hinter dem Kopf zwei bis drei schön samtschwarze Querbinden und am Hinterleibsende einen karminroten Haarschopf trägt, der ihr den Namen der Rotschwanzraupe verschafft hat. Lassen wir eine solche Raupe sich verpuppen, und haben wir ein weibliches Tier vor uns, so kriecht aus der Puppe schließlich ein unförmig dicker, mit kleinen Flügellappen versehener sackförmiger, graubrauner Schmetterling aus, der mit den beschwingten Faltern, die wir sonst zu sehen gewohnt sind, wenig Ähnlichkeit hat. Dies Tier verläßt während seines kurzen Lebens die Umgebung seiner leeren Puppenhülle überhaupt nicht und führt also ein fast unbewegtes Dasein. Am Spätnachmittag kann man nun beobachten, wie plötzlich in unruhigem Zickzackflug ein kleiner rostbrauner Schmetterling in die Nähe des Weibchens und der Puppe geflattert kommt. Er unterscheidet sich im Bau nicht von anderen Schmetterlingen aus der Gruppe der Spinner, besitzt schön gefiederte Fühler und ist in hohem Maße beweglich. Es ist das Männchen der gleichen Art, das dem Weibchen seinen Besuch abstattet, und es kann vorkommen, daß mehrere seinesgleichen sich über der verlassenen Puppenhülle und dem Weibchen tummeln. Überläßt man das Weitere sich selbst, so sieht man, wie sich das kleine Männchen mit dem dicken Weibchen paart, nach etwa einer Stunde ist die Begattung beendet, das Weibchen legt an Ort und Stelle seine Eier ab, und damit ist sein Leben, das sich auf einem Raum von wenigen Quadratzentimetern abgespielt hat, beendet.

Es gibt noch eindrucksvollere Beispiele solcher Verkümmerung der weiblichen und guter Ausbildung der männlichen

Bewegungsorgane bei Schmetterlingen. Die madenförmigen
Weibchen der gleichfalls zu den Spinnern gehörigen *Sack-
träger* sitzen zeitlebens in Säcken, die sie als Raupe gesponnen haben und auch als Puppe und Schmetterling niemals
verlassen, während die Männchen schlanke und außerordentlich bewegliche kleine schwarze Falter sind, die die Weibchen
in ihren Säcken aufsuchen, ihren Hinterleib in die Wohnröhre hineinstecken und dort die Begattung vollziehen. Solche
Fälle geflügelter Männchen und ungeflügelter oder doch
flugunfähiger Weibchen finden sich bei sehr vielen Insekten
aus den verschiedensten Ordnungen. Erwähnt sei gleich hier,
daß bei ganz wenigen Insektenarten umgekehrt die Männchen
ungeflügelt und die Weibchen gut geflügelt sind. Wir werden später sehen, wie hier ganz andere Gründe als die bisher
aufgeführten an dieser Umkehr des häufigeren Zustandes
schuld sind.

Bei den allermeisten Spinnen und den Weberknechten sind
die Beine der Männchen viel länger als die der Weibchen im
Verhältnis zur Größe des Rumpfes. Das hängt einmal natürlich mit der größeren Beweglichkeit der Männchen zusammen, dürfte aber auch mit einem zweiten Umstand in Beziehung stehen: diese langen Beine sind der Sitz von *Sinnesorganen,* und man kann sich bei der Beobachtung der Werbungen der Spinnenmännchen um ihre Weibchen des Eindruckes nicht erwehren, daß diese Beine, besonders die beiden
vorderen Paare, auch Tastorgane sind. Das führt zu einem
neuen Punkt: der stärkeren Ausbildung von Sinnesorganen
bei den männlichen Tieren.

Die Sinnesorgane der Männchen.

Betrachten wir ein Paar unserer gemeinen Stubenfliege, so
sehen wir am Kopf einen deutlichen Unterschied zwischen
Männchen und Weibchen, der sich an dem Bau der Augen
äußert. Das Männchen hat so nahe zusammenstehende Augen,
daß sie in der Mitte der Stirn in einer Linie zusammen-
stoßen, während beim Weibchen eine breite Strieme zwischen
ihnen frei bleibt. Änliches finden wir bei den meisten Fliegen.
Auch bei der Honigbiene ist das Auge der Drohne, also des

männlichen Tieres, viel größer als das der Königin und der Arbeitsbienen (Abb. 25). Von den Turbanaugen der Eintagsfliegen war schon S. 50 die Rede. Bei zahlreichen Krebstieren haben gleichfalls die Männchen größere und offenbar leistungsfähigere Augen. In allen solchen Fällen dürfen wir den Schluß ziehen, daß im Leben solcher Männchen für das Aufsuchen der Weibchen das Gesicht eine wesentliche Rolle spielen wird.

Ein weiteres Sinnesorgan, das im männlichen Geschlecht bei Gliederfüßlern häufig stärker entwickelt ist als beim Weibchen, sind die *Fühler*. Jeder von uns hat als Kind schon Maikäfer von seiner Hand fliegen lassen und dabei, wenn er nicht ganz schlecht beobachten konnte, die Erfahrung gemacht, daß die Fächerfühler, die vor dem Auffliegen entfaltet werden, bei einem Teil der Käfer viel längere Blätter aufweisen als bei dem anderen, und gewöhnlich erfährt man schon von Kameraden, daß die Tiere mit den großen Fühlern die Männchen sind. Diese Fühler dienen den Männchen als Leitorgane beim Suchen der Weibchen. Daß ein solches Aufsuchen in der Tat stattfindet, beweist

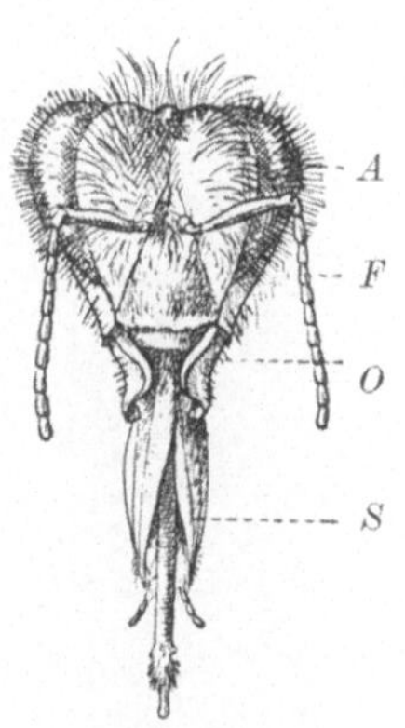

Abb. 25. Bienenkopf, von vorn gesehen. *O* Oberkiefer, *S* Saugrüssel, *F* Fühler, *A* Auge (vergrößert).

eine sehr einfache Beobachtung: wenn man an einem warmen Maiabend, wenn die Maikäfer in Massen fliegen, noch so viele fliegende Tiere aus der Luft herabfängt, man wird doch unter ihnen nie ein Weibchen finden. Die sitzen vielmehr still auf Bäumen und Sträuchern und warten die Ankunft der Gatten ruhig und auch erfolgreich ab.

Von den gekämmten Fühlern der Spinnermännchen unter den Nachtschmetterlingen war schon S. 56 die Rede. Daß sie wirklich die Organe sind, die die Männchen zu den Weibchen führen, ist dadurch bewiesen worden, daß Männchen, denen man die Fühler abgeschnitten hatte, diesen Weg nicht mehr finden konnten (Abb. 26).

Auch bei einer Anzahl anderer Insekten, ferner bei Krebsen
(z. B. den als Fischfutter begehrten Wasserflöhen oder Daphnien unserer Tümpel) sind die Fühler der Männchen denen
der Weibchen an Ausbildung überlegen. Ob sie bei im Wasser
lebenden Tieren gleichfalls Sitz einer Art von Geruchsempfindung sind, wird schwer zu sagen sein.

Nicht vergrößert, aber anders gestellt sind die Augen
mancher kleinen Spinnen, die zu den Arten gehören, die be-
sonders reichlich im Herbst die fliegenden Sommerfäden (den Altweibersommer) hervorbringen, um an den Fäden mit Hilfe des treibenden Windes zu wandern. Hier trägt das Kopfende des Männchens eine zapfen- oder turmartige Erhöhung, auf deren Spitze die Augen sitzen. Bei einer verhältnismäßig großen, im Moos lebenden Art, trägt so die Kopfgegend einen förmlichen Leuchtturm. Ob die Augen in diesen Fällen beim Männchen leistungsfähiger als die der Weibchen sind, ist nicht bekannt; jedenfalls aber müssen sie einen ganz anderen

Abb. 26. Fühler des Nagelfleckspinners,
A des Männchens,   *B* des Weibchens.
(Nach Wolf.)

Überblick gewähren, und das Gesichtsfeld des Männchens
wird sich von dem des Weibchens ungefähr so unterscheiden
wie das eines Menschen, der sich eine Gegend vom Fuße
eines Aussichtsturmes aus ansieht, von dem des anderen, der
den Turm bestiegen hat.

So können die stärker entwickelten Sinnesorgane männlicher
Tiere das gesamte Bild der Art wesentlich beeinflussen. Sie sind
immer der Ausdruck biologischer Leistungen, die an dem Bau
der Organe in vielen Fällen geradezu abgelesen werden können.

Halt- und Greiforgane.

Noch durch ein anderes wird der Bau der männlichen Tiere im Vergleich zu dem der weiblichen oft verändert. Da das Männchen, wie wir sahen, meist der das Weibchen aufsuchende Teil ist, so kann es bei diesem Suchen, wenn das Weibchen dem werdenden Männchen sich zu entziehen sucht, zu einer Art von Flucht kommen, bei der der Verfolger die Verfolgte festzuhalten sucht. Aber auch wenn das Weibchen zur Begattung willig ist, sind häufig die Männchen nur mit Hilfe besonderer Klammerorgane imstande, den nötigen Halt am weiblichen Körper zu gewinnen. Zwischen beiden Arten von Werkzeugen besteht also der Unterschied, daß die einen das Weibchen gewissermaßen einfangen sollen, während die anderen die körperliche Vereinigung der Geschlechter selbst ermöglichen.

Echte Greif- oder Fangorgane der Männchen finden wir überwiegend bei Wassertieren. Es sind vor allem Krebstiere, bei denen zuweilen das Männchen das Weibchen in wilder Jagd durch das Wasser verfolgt und es schließlich mit Hilfe vergrößerter, verdickter und oft zu Haken umgestalteter Organe, die naturgemäß

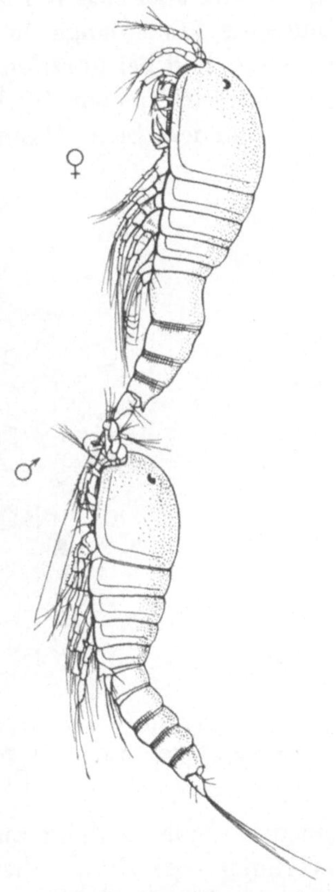

Abb. 27. Spaltfüßerpärchen, Greiffühler des Männchens (♂) in Anwendung. (Nach Wolf.)

aus den Gliedmaßen gebildet sind, ergreift. Zu diesen Gliedmaßen gehören auch die Fühler, und solche umgestaltete Greiffühler sind bei unseren einheimischen Süßwasserkrebsen, wie dem Flohkrebs u. a., weitverbreitet. Ohne diese Klammerorgane würden die Männchen der schwimmenden Weib-

chen bei diesen Formen gar nicht habhaft werden können
(Abb. 27).

Bei einer Spinnengruppe, deren häufigste und auffallendste
Vertreterin in Deutschland wie die Kreuzspinne große Radnetze baut, aber sich von ihr durch einen langgestreckten Leib
und sehr dünne, lange Beine sofort unterscheidet, den Streck-
spinnen, sind bei unreifen Tieren die Kiefer nicht größer als
bei anderen Spinnen. Nach der letzten Häutung aber werden
sie, besonders beim Männchen, sehr groß, besitzen bei ihm

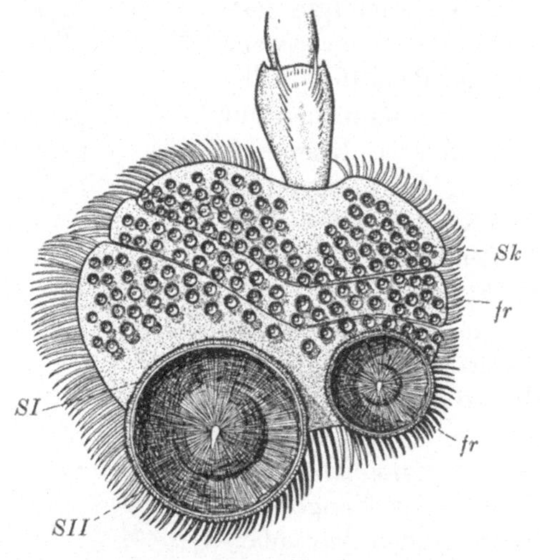

Abb. 28. Saugscheibe am Vorderfuß des männlichen Gelbrandkäfers von
der Unterseite. *S I, S II* große, *Sk* kleine Saugnäpfe, *fr* Fransen.
(Nach Blunck.)

einen besonderen Zahn und sind weit geschweift. Ohne jede
Werbung ergreift bei dieser Art das Männchen mit seinen
Kiefern, dem Weibchen gegenüberstehend, die der Partnerin,
macht sie dadurch vollkommen wehrlos und kann nun ohne
Widerstand die Paarung vollziehen.

Allen Käfersammlern bekannt sind die großen, flachen, im
Wasser lebenden Gelbrandkäfer, die einen ausgeprägt für
das Schwimmen geformten Körper zeigen. Bei ihnen tragen
die Männchen an der Wurzel des letzten Fußabschnittes eine
breite Scheibe, an der neben zwei großen noch eine ganze

Anzahl von kleineren regelrechten Saugnäpfen angebracht sind (Abb. 28). Zur Paarungszeit stürzen sich die Männchen mit wilder Gewalt auf die schwimmenden Weibchen und pressen die Haftscheiben auf die glatte Vorderbrust des überwältigten Tieres auf. Die Saugnäpfe dehnen sich wieder aus, enthalten nun einen luftverdünnten Raum und machen jeden etwaigen Widerstand des Weibchens gegen das Männchen unwirksam. Ähnliche Saugnapfbildungen weisen einige Männchen von Milbenarten auf, die auf dem Lande leben. So hat das Männchen der in der menschlichen Haut schmarotzenden Krätzmilbe an seinen beiden hinteren Beinpaaren gestielte Saugnäpfe, mit deren Hilfe es sich am Weibchen festsetzt. In diesem Zusammenhang müssen auch die S. 17 geschilderten Daumenballen der Froschmännchen noch einmal erwähnt werden, mit denen die Weibchen oft recht unsanft ergriffen werden.

Während bisher nur von Organbildungen die Rede war, die das Männchen in den Stand setzen, das in Bewegung befindliche Weibchen zu ergreifen, dienen andere, sehr verbreitete, dazu, auch wenn das Weibchen begattungsbereit ist, also nicht an Flucht denkt, dem Männchen während der Begattung einen Halt zu geben.

Eine kleine, im Moose lebende Waldschnecke stülpt neben dem eigentlichen Begattungsorgan aus ihrer Geschlechtsöffnung noch einen besonderen Begattungsarm hervor, der lediglich zum Anklammern an den (zwittrigen) Partner während der Paarung dient und der bei einer Art einen Saugnapf, bei der anderen eine kalkige Spitze trägt.

Ungemein verbreitet sind Haftorgane der Männchen bei den Gliederfüßlern, insbesondere den Krebsen und Insekten, seltener bei Spinnentieren. Es sind bei den Insekten in erster Linie die Anhänge des Hinterleibes, die zur Umklammerung des Weibchens dienen. Bei Schmetterlingen, Fliegen, Mücken, Heuschrecken usw. sind diese Bildungen in größter Verschiedenheit zur unmittelbaren Befestigung des männlichen Hinterleibsendes am weiblichen entwickelt. Von dem ganz eigenartigen Zangenapparat der männlichen Libellen war S. 31 die Rede. Es können aber auch Organe an anderen Stellen des Körpers bei Insekten zu Haftorganen bei der

Paarung ausgebildet sein. So hält der männliche Hirschkäfer
bei der Begattung das Weibchen mit seinen großen Geweih-
kiefern an den Seiten umfaßt. Bei manchen Formen sind es
die Fühler, bei anderen die Vorderfüße, die Haftorgane
tragen. Die Kiefer sind bei manchen Spinnenmännchen darauf eingerichtet, sich am weiblichen Hinterleib anzuklam-
mern, zuweilen sogar einzubeißen. In einer Familie besitzen
die Weibchen an ihrer Hinterleibswurzel zwei paarig gestellte
seichte Gruben, in die die Kiefer des Männchens eingeschlagen werden. Die größten aller Spinnen, die tropischen
Vogelspinnen, zeigen uns wieder ein anderes Organ zur Befestigung des Männchens am Weibchen: an dem drittletzten

Abb. 29. Vogelspinnen in Paarung, links Männchen. Original.

Gliede des ersten Fußpaares sitzt ein gekrümmter, oft dop-
pelter Sporn, der von Art zu Art verschieden gebaut ist. Mit
ihm ergreift das Männchen die gefährlich drohenden Kiefer
des ihm übrigens ganz friedlich entgegengehenden Weibchens, ja, dies legt die Kieferklauen sogar selbst in diese
Haken hinein. So werden die beiden Tiere zu einem festen
Gestell verbunden, und das Männchen kann dann seine Taster
nacheinander in die Geschlechtsöffnung des Weibchens ein-
führen (s. S. 29). Ein Bild von diesen Vorgängen gibt Abb. 29.
Es ließen sich aus der Welt der Gliederfüßler noch viele
Beispiele für derartige Ausstattung der Männchen anführen,
doch sei es mit diesen genug.

Bei den Wirbeltieren sind entsprechende Bildungen selten;
es werden in der Regel, wo eine besondere Befestigung des

68

Männchens am Weibchen nötig ist, die nicht weiter umge-
bildeten Organe, wie Füße, Klauen, Zähne, Schnabel u. dgl.,
für diesen Zweck verwendet, vielleicht gehört hierher der
Sporn des männlichen Schnabeltieres.

Die Waffen und die Schmuckzeichen.

Noch in einer anderen Beziehung kann der Körper männlicher Tiere durch besondere Organbildungen ausgezeichnet
sein. Beim Suchen nach den Weibchen nicht nur, sondern
auch da, wo ein Männchen bereits gewonnene weibliche Tiere
zu verteidigen hat, kommt es bei sehr vielen Tierarten zu
Kämpfen zwischen den Männchen, und es braucht nur an das
Beispiel unseres Edelhirsches erinnert zu werden, um darzu-
tun, in welcher Weise das männliche Tier durch den Besitz
von Waffen ausgezeichnet sein kann. Wenn wir ferner an
den Sporn des Haushahnes, an die Hörner von Wildschafen
und Ziegen denken, die den Weibchen entweder fehlen oder
bei ihnen sehr viel kleiner sind, und wenn wir an die Kämpfe
denken, die bei Hirschen und Hähnen für einen der Kämpen
— zuweilen sogar für beide — tödlichen Ausgang nehmen
können, so können wir an der Bedeutung dieser Waffen nicht
zweifeln. Ebenso gefährlich sind die Hauer des Ebers, die im
männlichen Geschlecht sehr viel stärker entwickelten Stoßzähne
der Elefanten, die langen Eckzähne männlicher großer Affen,
z. B. der Paviane und Menschenaffen, besonders des Gorilas.

Eines ist aber bei der Betrachtung von Hörnern, Zapfen,
Kämmen usw. zu bedenken, wie sie oft männliche Tiere
tragen (Hirschkäfer, Leguaneidechse, manche Chamäleon-
arten): nicht alles, was wie eine Waffe aussieht und vom
Menschen als solche gedeutet werden könnte, ist in ihrem
Gebrauch als solche nachweisbar. So sind die gewaltigen
Kiefer des Hirschkäfermännchens schwache Waffen, und die
mit kurzen Kieferzangen ausgerüsteten Weibchen können viel
wirksamer beißen. Bei anderen Käfern, besonders tropischer
Länder, zu denen die riesigen Herkules- und Atlaskäfer gehören, sind nicht die Kiefer beim Männchen vergrößert,
sondern sie besitzen, wie auch der einheimische Nashorn-
käfer und auch eine bei uns vorkommende Mistkäferart, an

Stirn und Vorderbrust hornartige Auswüchse (Abb. 30). Mit
diesen zunächst stark nach Waffen aussehenden Fortsätzen
unternehmen die Männchen dieser Arten aber gar nichts,
sondern sie dienen, soweit der Mensch es beurteilen kann,
lediglich als „Schmuckstücke", als „dekorative" Auswüchse,
deren Bedeutung, was ihre Wirkung auf die Sinnesorgane
der Weibchen betrifft, noch recht unklar ist.

Können diese Schmuckmerkmale der Männchen mit Waffen verwechselt werden, so geht das sicherlich nicht an bei
anderen Auszeichnungen, die, besonders bei Säugetieren, dem

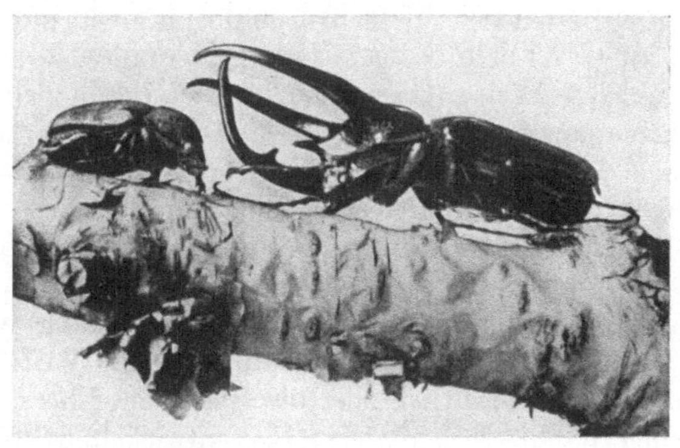

Abb. 30.   Rechts Männchen, links Weibchen des Atlaskäfers aus Sumatra.
(Nach Meisenheimer.)

Männchen vorbehalten sind, wie der Mähne des Löwen und
anderen Haarbildungen, von denen sich bei Pavianen, dem
Orang-Utan und schließlich auch im Barte des Mannes Beispiele finden lassen.

Am Gefieder der männlichen Vögel läßt sich vielleicht der
reine Schmuckcharakter solcher Bildungen am schönsten
nachweisen. Die lange Schleppe des Pfauhahnes, die zum
schimmernden, augengeschmückten Rad aufgerichtet werden
kann, all das, was wir an Pracht- und Balzgefieder bei
Hühnervögeln und anderen sehen, die Steißlocke des Erpels,
die mannigfachen Prunkfedern männlicher Kolibris und Pa-
radiesvögel, das alles macht durch seine Schönheit eben-

solchen Eindruck wie durch die Unmöglichkeit, eine wirklich befriedigende Erklärung für sein Zustandekommen zu geben. Mit diesen Pracht*formen* sind in den letztgenannten Fällen Pracht*farben* verbunden, aber bei männlichen Vögeln und Schmetterlingen können sie auch vorkommen, ohne daß eine direkte Einwirkung auf den Gesichtssinn der Weibchen erkennbar wäre, wenn auch die Entfaltung aller dieser Pracht vielleicht das Weibchen zu reizen vermag. Wer aber weiß, wie oft auf einem Hühnerhof nicht der prächtigste, sondern der stärkste Hahn von den Hennen bevorzugt wird. der wird Zweifel an der Beeinflussung der Weibchen durch solche Schmuckmerkmale nicht unterdrücken können und damit auch an einer Entstehung dieser Pracht durch Auswahl von seiten der Weibchen, durch sogenannte „geschlechtliche Zuchtwahl", wie sie der große englische Naturforscher *Charles Darwin* angenommen hatte.

Weit eher können wir uns in vielen Fällen eine Erklärung dafür geben, daß die Weibchen solches Prachtgefieder *nicht* besitzen. Sie sind, wie bei den Kolibris, Paradiesvögeln, vielen Enten, dem Pirol usw. usw., unscheinbar gefärbt und zeigen häufig die sogenannte Lerchenfärbung mit der bekannten braunen Sprenkelung, die das brütende Weibchen fast dem Boden angleicht und dem Muttervogel Schutz gewähren kann gegen Feinde, die mit den Augen suchen. Wir wissen aber noch lange nicht, warum nun die nicht zur Unsichtbarkeit verurteilten Männchen in so erstaunlicher Weise von der Freiheit der Form- und Farbenentfaltung Gebrauch machen. Denn es ist sicher, daß gerade während der als Zurschaustellung der männlichen Reize — wenigstens meist — aufgefaßten Balz, z. B. der Hühnervögel, die Weibchen von allen Anstrengungen des Hahnes wenig Notiz nehmen, obwohl die Balzhandlungen durch allerlei Lautäußerungen der Hähne verstärkt werden, und daß die Paarung nicht am Balzplatz stattzufinden pflegt. In der allerersten Morgendämmerung wird die Auerhenne noch nicht viel von dem Gefieder und den roten Hautrosen über den Augen des balzenden Hahnes sehen können. Ein balzender (radschlagender) Pfauhahn dreht, was beim ersten Sehen höchst überraschend wirkt, der umworbenen Henne nicht seine schöne, sondern die ausgesprochen unschöne Hinterseite zu. Wenn wir also auch wissen, daß diese auf das männliche Geschlecht beschränkten Schmuckmerkmale in einer engen Beziehung zum Geschlecht stehen, so können wir uns bei ruhiger Beobachtung am lebenden Tiere meist über den eigentlichen Sinn dieser Bildungen keine klare Rechenschaft geben, während andere, deutlich der Verteidigung dienende Organe uns in ihrer Bedeutung klarer sein können.

Die Werbungen der Männchen.

Wer das Radschlagen von Pfau und Truthahn, das Singen männlicher Singvögel, das Zirpen der männlichen Heuschrecken und Grillen einmal beobachtet hat, wird sich des Eindruckes nicht haben erwehren können, daß das Männchen seine Schönheiten und Künste dem Weibchen zur Schau stellt, um es für sich zu gewinnen.

Diesen auf den Gehörs- und Gesichtssinn des Weibchens berechneten Darbietungen stehen andere gegenüber, die in ihrer Wirkung weniger klar sind.

Im Spätsommer kann man oft an sonnigen Tagen die Werbungen der schlanken Kreuzspinnenmännchen beobachten. Auf seiner Streife nach Weibchen gelangt das Tier an eines der großen Radnetze und spinnt alsbald von irgendeinem Zweige zu dessen Rande einen starken Faden, den es, an ihm hängend, in heftige Erschütterungen versetzt, und zwar durch ein eigentümliches Zucken mit den Beinen. Nur durch dieses „Läuten" macht es sich als Männchen bemerkbar, und wenn sie willig ist, erscheint sehr bald die größere Partnerin gleichfalls an dem Faden, und die Paarung kann stattfinden. Hier bedeutet die Werbung also ein tatsächliches Hervorlocken des Weibchens, aber wir wissen nicht, weshalb die Erschütterung des Netzes von ihm als Anmeldung des Männchens empfunden wird.

Ein anderes Bild: ein Schwanenpaar schwimmt auf einem Teich. Plötzlich beginnt das Männchen seinen Hals eigentümlich aufzublähen, aber nur nahe dem Kopf, so daß er an den

Vorderleib einer Brillenschlange erinnert, und gleichzeitig flacht es seinen schwimmenden Leib stark ab. Dann schlägt es den Hals bis zur Wurzel ins Wasser und führt mit dem Rumpf zugleich eine schwer zu beschreibende wippende Bewegung aus. Das ist die Werbung des Männchens, deren Beziehung zur Paarung zunächst nicht einleuchtet. Wartet man aber ab, so wird man das Weibchen das gleiche Spiel beginnen sehen, und wenn das oft 5 Minuten gedauert hat und die Tiere sich immer näher gekommen sind und ihre Hälse oft übereinandergeschlagen haben, sinkt das Weibchen tief im Wasser ein, das Männchen besteigt seinen Rücken, und während vom Weibchen bloß noch Schnabelspitze und Schwanz herausragen, wird im Schwimmen die Paarung vollzogen. Gänseriche werben ähnlich, aber einfacher, Enteriche ziehen wiederholt den Hals ein und stoßen dann den Kopf ruckartig in die Höhe. In allen Fällen aber erwidert das Weibchen die Werbungsbewegungen, und sie können sogar von ihm ausgehen. Es handelt sich hier also wieder um eine Verständigung der Geschlechter, die unabänderlich jeder Paarung vorangeht und nichts mit Balzbewegungen zu tun hat. Wird ein derartiges Vorspiel unterbrochen, so muß es wieder von vorn begonnen werden, wenn die Paarung zustande kommen soll.

In dies Kapitel gehört auch das Schnäbeln der Haustauben. Das Männchen reibt seine Schnabelwurzel erst im Hals- und Brustgefieder, dann füttert es die Taube aus seinem Kropf, und wenn das eine Weile fortgesetzt worden ist, duckt das Weibchen sich zur Paarung. Auch dieses umständliche Verfahren ist notwendig zur Herbeiführung der Begattung, während das bekannte Gurren des Taubers, verbunden mit Aufblasen des schillernden Halsgefieders und Stellen des Schwanzes, zwar als Balz angesprochen werden kann, aber nie unmittelbar zur Vereinigung der Geschlechter führt.

Auch in diesen aus der Vogelwelt entnommenen Fällen ist für uns die Beziehung zwischen den Handlungen, die dies Werbezeremoniell zusammensetzen und die oft recht zeitraubend erscheinen, und der unweigerlich auf sie folgenden Begattung rätselhaft.

Ausgesprochene Werbung der Männchen finden wir bei den *Molchen,* deren Besamungsweise auf S. 19 berichtet wurde. Das Weibchen wird vor der Absetzung der Samenkapseln durch das Männchen von diesem nicht einen Augenblick in Ruhe gelassen, sondern unter Schweifwedeln und Buckelmachen umstrichen. Hier ist die Art der Werbung aber wesentlich verständlicher für uns, und ebenso sind die Werbungen der Säugetiermännchen, soweit sie als solche bezeichnet werden können, viel gröber und eindeutiger als die Beispiele gegenseitiger Verständigung, wie wir sie aus der Vogelwelt kennengelernt haben.

Das, worauf es hier ankam, war, zu zeigen, daß nicht jede Zurschaustellung der Pracht männlicher Tiere im eigentlichen Sinne als Werbung anzusehen ist, daß aber andere Fälle ganz eindeutig zeigen, wie die Werbung eines Geschlechtes unmittelbar zu einem Paarungsspiel beider Partner führen kann, und vor allem, wie echte Werbung ein notwendiger und unmittelbarer Vorläufer der Paarunghandlung ist.

Das, was wir nun z. B. beim zirpenden Grillenmännchen als Werbung mit Recht ansprechen, das Herbeilocken eines Weibchens, ist wohl ursprünglich nicht als solches entstanden zu denken, sondern wir haben Grund zu der Annahme, daß das Geräusch, das die in Erregung bewegten Flügel des Männchens hervorbrachten, erst allmählich zum Verständigungsmittel mit den Weibchen geworden ist, und daß, als es einmal zum Werbemittel geworden war, erst das eigentümliche Verhalten der Weibchen sich herausgebildet hat, das auf S. 52 geschildert wurde.

Das Geschlecht und der Gesamtbau des Organismus.

Wir haben im vorigen Abschnitt eine Reihe von Organbildungen kennengelernt, die beim Männchen anders entwickelt sind als beim Weibchen oder bei diesem ganz fehlen, und wir hatten uns nach dem Grunde und der Bedeutung dieser Erscheinungen gefragt, wobei die Antwort gewiß nicht immer befriedigend ausfallen konnte. Nun ist in solchen Fällen, in denen das Männchen ein vollkommen normales, geflügeltes Insekt, das Weibchen ein verkümmertes madenähnliches Wesen ist, das Männchen gegenüber dem Weibchen nicht auf eine höhere Lebensstufe gestiegen; denn das Männchen besitzt nur die normalen, allerdings sehr gut ausgebildeten Bewegungs- und Sinneswerkzeuge, die eigentlich nach dem zu erwartenden Artbild dem Weibchen auch zukommen sollten. Wir können sagen, daß dies Artbild, das wir den *Typus* nennen können, beim Männchen rein erhalten ist, und daß es deswegen auf einer größeren *Organisationshöhe* steht als das in vieler Beziehung deutlich rückgebildete Weibchen. Dies Beispiel zeigt uns, wie diese Organisationshöhe, die uns nunmehr noch etwas beschäftigen muß, zunächst einmal bei den beiden Geschlechtern verschieden sein kann, in unserem Falle zugunsten des männlichen.

Betrachten wir einen anderen Fall: an den Kiemen von Fischen schmarotzt ein Krebs, der als erwachsenes Weibchen nicht mehr an einen solchen oder überhaupt nur an einen Gliederfüßler noch erinnern kann, da er sackförmig, weichhäutig, ohne Gliedmaßen (bis auf einen aus ihnen entstandenen Saugrüssel), mit langen anhängenden Eischläuchen ausgestattet, bewegungslos angesogen hängt. Andere, ähnlich verunstaltete Formen zeigt Abb. 31. Sehen wir ein solches Tier genauer an, so finden wir an einer bestimmten Stelle seines unförmlichen Körpers, in der Nähe der Geschlechtsöffnung, eine kleine Hervorragung, die sich bei genauerer Betrachtung als ein kleines Tier erweist. Es handelt sich um ein sogenanntes *Zwergmännchen*, wie sie bei den kiemenschmarotzenden Spaltfußkrebsen (von denen frei lebende und in beiden Geschlechtern sehr bewegliche Vertreter in unseren Teichen in Mengen vorkommen) in verschiedenen Formen der Aus- und Umbildung auftreten. Untersuchen wir das seltsame Paar etwas genauer und legen wir uns die Frage nach dem Unterschied in der Organisationshöhe der Geschlechter vor, so werden wir zunächst einmal feststellen müssen, daß das Weibchen in seinem Umfang nichts weniger als zurückgebildet ist, daß aber der Verlust von Sinnes-, Schutz-, Bewegungs- und anderen Organen noch weiter gegangen ist als bei dem vorhin als Beispiel heran-

gezogenen Schmetterlingsweibchen. Winzig klein ist dagegen
das Männchen. Nur wird es sich fragen, ob in dieser Kleinheit ein Ausdruck der Rückbildung zu sehen ist, zumal das
kleine Tier, wenn man es etwas vergrößert betrachtet, die
Krebsnatur viel deutlicher aufweist als das Weibchen. Es

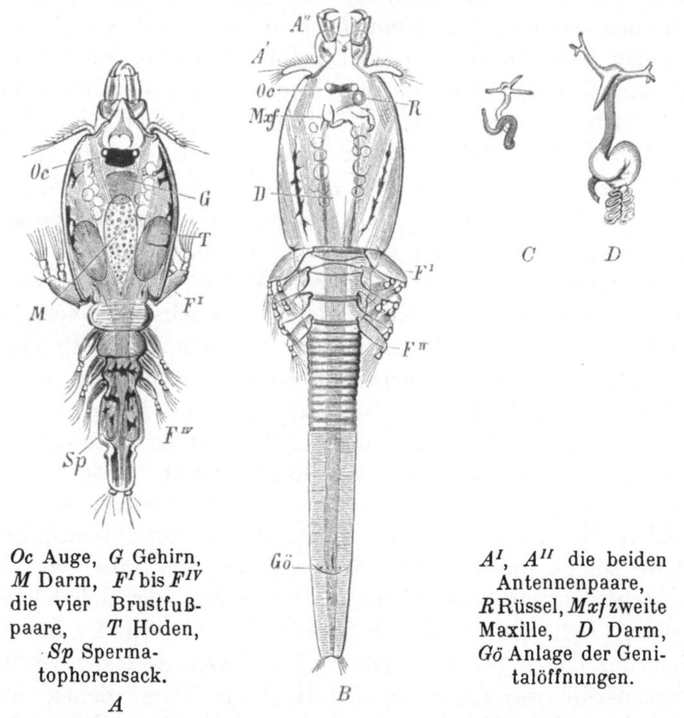

Oc Auge, G Gehirn,
M Darm, F^I bis F^{IV}
die vier Brustfuß-
paare, T Hoden,
Sp Sperma-
tophorensack.

A^I, A^{II} die beiden
Antennenpaare,
R Rüssel, Mxf zweite
Maxille, D Darm,
Gö Anlage der Geni-
talöffnungen.

Abb. 31. Kiemenkrebs (Lernaea). A Männchen, B Weibchen im Paarungs-
stadium, C, D Weibchen nach der Umwandlung. (Nach Claus.)

zeigt deutlich eine Gliederung des Körpers, die dem Weibchen verlorengegangen ist, und sogar noch Andeutungen von
Gliedmaßen. Aber es ist gegenüber seinen frei lebenden Verwandten insofern wesentlich umgestaltet, als es am Weibchen
schmarotzt.

Nun ist auf die Weibchen solcher Formen der Ausdruck
angewendet worden, sie seien rückgebildet. Das können wir

beurteilen, wenn wir den Entwicklungsgang eines solchen Tieres von seiner frühen Jugend an verfolgen. Aus den vom Weibchen gelegten Eiern schlüpfen kleine sechsbeinige Larven, die deutlich Krebsnatur zeigen und sich bei niederen Krustern ganz allgemein finden. Durch Zunahme der Zahl ihrer Körperringe und Gliedmaßen nehmen sie die übliche Gestalt kleiner Spaltfußkrebse an und begatten sich bei manchen Arten schon auf dieser Stufe. In solchen Fällen stirbt das Männchen dann bald, ohne den Reifezustand des Weibchens zu erleben, das sich (Abb. 31 C) an einer Fischkieme festsetzt und zu dem seltsam geformten Schlauch auswächst, wobei die Gliederung des Körpers, die Gliedmaßen und Sinnesorgane schwinden, aber die Eier in großen Mengen reifen und aus den Eierstöcken in Säcke wandern, die dem Körper außen anhängen (Abb. 31 D). In anderen Fällen macht das Weibchen seine rückschreitende Umwandlung durch, ehe es befruchtet ist, und das sind die Fälle, in denen die Männchen dann als Dauerschmarotzer, eines oder mehrere, am Weibchen festgesogen leben. Nun können aber diese Männchen nicht bloß sehr klein, sondern selbst auch in ihrem Gesamtbau stark rückgebildet sein, so daß die Frage nach der höheren oder geringeren Organisationsstufe der beiden Geschlechter nicht so einfach zu beantworten ist. Die Weibchen sind fast nur noch Geschlechtsorgane, die Männchen stehen immerhin dem Familientypus näher.

Eine weitere Frage läßt dieser Fall der schmarotzenden Spaltfüßler aufkommen: Wie ist das Mißverhältnis in der Größe der Geschlechter zustande gekommen, durch einseitige Vergrößerung des Weibchens, ebensolche Verkleinerung des Männchens oder durch beides? Die Antwort ist gerade für die in Rede stehenden Formen in erster Linie so zu geben, daß die Weibchen ungebührlich vergrößert sind und daß dadurch die scheinbare Kleinheit der Männchen verursacht wird. Im Begattungsstadium von Lernaea ist der Größenunterschied nicht bedeutender als sonst bei derartigen Krebsen. Wir werden später in einem anderen Zusammenhange sehen, daß die Frage in verschiedenen Fällen von Größenunterschied der Geschlechter auch verschieden zu beantworten ist.

Hier soll zunächst nur die Organisationshöhe der Geschlechter besprochen werden; ihr Größenunterschied soll an anderer Stelle um seiner selbst willen noch auf seine Ursachen und Erscheinungen hin geprüft werden.

Bei festsitzenden Krebstieren, den Rankenfüßlern, denen man in erwachsenem Zustand allerdings ihre Krebsnatur nicht mehr ansieht, und deren bekannteste Beispiele die sogenannten Entenmuscheln und Seepocken des Meeres sind, die oft an Schiffskörpern unter Wasser in Menge sitzen, die der Ortsbewegung unfähig und die außerdem in ihrer Mehrzahl (was unter Gliederfüßlern sehr selten) Zwitter sind, kommen einige getrenntgeschlechtliche Formen vor. Bei ihnen finden wir zwerghaft kleine Männchen, die außerdem in ihrem ganzen Bau außerordentlich stark zurückgebildet sind, so daß in den Fällen äußerster Verkümmerung fast nur die Geschlechtsorgane und Vorrichtungen zur Befestigung am weiblichen Körper übrigbleiben. Solche Zwergmännchen sitzen oft in größerer oder sogar sehr großer (bei einer Art wurden über 100 beobachtet) Anzahl an einem Weibchen.

Sehr sonderbar und in ihren Ursachen nicht befriedigend erklärt ist die Tatsache, daß auch bei den erwähnten *zwittrigen* Rankenfüßlern solche rückgebildete Männchen vorkommen, die dann in gleicher Weise an den Zwittern haften wie die erst erwähnten an den Weibchen. Solche „Ergänzungsmännchen" können die gleiche Stufe des Schwundes aller Organe bis auf die der Fortpflanzung zeigen wie die der getrenntgeschlechtlichen Formen.

Sehr ähnliche Rückbildungserscheinungen der Männchen finden wir bei kleinen schwimmenden, zuweilen auch festsitzenden, durchsichtigen Tieren des Süßwassers und des Meeres, den *Rädertierchen*, die ihren Namen von breiten, mit Wimpern besetzten Lappen am Vorderende tragen, die, in flimmernder Bewegung, zwei sich drehende Zahnräder einigermaßen vortäuschen können. Einige dieser Tierchen können lange Zeit der Austrocknung vertragen und leben, befeuchtet, wieder auf. In der längsten Zeit des Jahres findet man von ihnen nur Weibchen, zu bestimmten Zeiten treten aber auch Männchen auf, die an alleiniger Beschränkung ihres Baues auf die Geschlechtsorgane denen der Rankenfüßler nichts nachgeben. Man hat sie als „schwimmende Keimdrüsen" bezeichnet. Auch hier kann es nicht zweifelhaft sein, daß nur das Weibchen den Typus vertritt, und daß die Männchen auf einer niedrig gewordenen, weil rückgebildeten Stufe des Baues stehen. Wenn man will, kann man in dieser Rückbildung eine Herausarbeitung aller wesentlichen Merkmale des Geschlechtes unter Weglassung aller für die Hauptaufgabe des Männchens überflüssigen, und darin einen Fortschritt erblicken. Die Grenze, bei der eine sehr stark einseitige Entwicklung aufhört, Fortschritt zu sein, ist sehr schwer zu ziehen und außerdem von menschlichen Werturteilen abhängig, die ihre Fehlerquellen in sich selbst tragen.

Wenn wir von einigen sehr kleinen Meereswürmern absehen, bei denen sich bei ein paar Arten einer Gattung, in der sonst die Geschlechter ziemlich gleichen Bau aufweisen, rückgebildete Zwergmännchen vorfinden (*Dinophilus*), so müssen wir noch einen sehr merkwürdigen Fall erwähnen, der sich bei einem gleichfalls meeresbewohnenden Wurm findet, der aber — im weiblichen Geschlecht — eine sehr beträchtliche Größe erreicht. Einen deutschen Namen hat dieser Wurm nicht, lateinisch heißt er *Bonellia viridis*, wegen der vollständig grünen Farbe des Weibchens, das einen etwa birnengroßen, sackförmigen Körper und am Vorderende einen — bis zu einem Meter — ausstreckbaren Rüssel besitzt, der am natürlichen Aufenthaltsort des Tieres allein sichtbar ist. Der Wurm lebt nämlich in Sand und Steinen des Ufers eingegraben und bestreicht mit dem gelappten Rüssel ein Gebiet rings um seinen Wohnsitz herum. Niemals wird man in einem solchen Tier andere als weibliche Geschlechtsorgane finden, und lange Zeit hat man von einem Männchen nichts gewußt; aber es ist vorhanden, wenn auch in reifem Zustande an einem Ort, an dem man es zunächst gewiß nicht sucht: im Innern des Weibchens, in seinen Geschlechtswegen, an einer Stelle, wo es die aus dem Eierstock austretenden Eier sofort befruchten kann. Dies Männchen *muß* viel kleiner sein als das große Weibchen, weil es eben in ihm Platz haben muß. Es ist aber noch viel kleiner, als die kühnste Phantasie es sich ausmalen würde, nur wenige oder sogar nur einen Millimeter groß! Aber davon soll hier nicht weiter gesprochen werden, sondern von seiner inneren Organisation; und die ist völlig um- und rückgebildet, der Darmkanal ist geschwunden oder hat in einem seiner Teile Anschluß an die Keimdrüse erlangt. Der Typus der Wurmfamilie, zu der

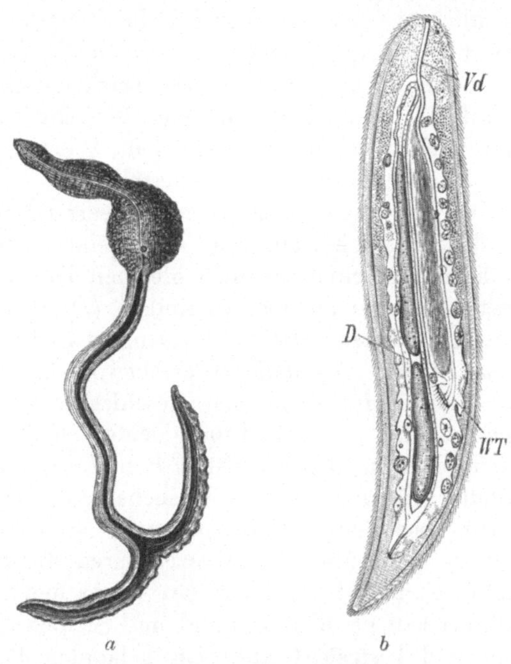

Abb. 32. *a* Weibchen, *b* Männchen von Bonellia, *D* Darm, *Wt* Wimper trichter, *Vd* Samenleiter. (Nach Spengel.)

Bonellia gehört, ist bei diesem Männchen völlig verwischt (Abb. 32).

In den Fällen dieser zuletzt besprochenen Reihe von Formen sehen wir allgemein das Weibchen auf durchaus normaler Entwicklungsstufe aller seiner Organe, das Männchen vereinfacht, verkleinert, rückgebildet. Was wiederum besonders zu denken gibt, ist, daß die Verwandten von Bonellia ganz normal gestaltete Männchen haben; so verstehen wir

ebensowenig, warum gerade bei Bonellia diese eigentümliche
Art des Zusammenwirkens der Geschlechter mit Rückbildung
des Männchens auftreten konnte, wie die entsprechende Tatsache, daß bei dem kleinen *Dinophilus* (s. o.) einige Arten
normale, andere rückgebildete Männchen besitzen. Das zeigt
uns, wie weit wir von einem Verständnis der Ursachen solcher
Ausnahmefälle im Tierreich entfernt sind, und es hilft uns
für dieses Verständnis nichts, daß wir wissen, daß die Männchen und Weibchen von Bonellia sich aus ganz gleichen
Larven entwickeln, und daß der Stillstand in der Größenentwicklung und die Umbildung im Bau der Organe für das
Männchen erst dann eintreten, wenn es eine Zeitlang als
eine Art Außenschmarotzer am Rüssel eines erwachsenen
Weibchens befestigt war. So interessant diese Tatsache ist,
so wenig bietet sie uns eine Handhabe für eine Vorstellung
davon, aus welchen Gründen die Männchen im Laufe ihrer
Stammesgeschichte diese Wandlung durchlaufen haben und
mußten.

Organverluste während des Lebens finden wir bei manchen
Insektenweibchen in der Form, daß nach der Paarung die
Flügel abgeworfen werden. Vorher sind beide Geschlechter
geflügelt, also in dieser Beziehung gleich hoch organisiert.
Zwei Beispiele sollen die Verschiedenheiten erläutern, die bei
solchen Vorgängen vorkommen.

Das erste betrifft die Ameisen, deren Weibchen, wie man
häufig beobachten kann, nach der Landung vom Hochzeitsfluge ihre Flügel entweder selbst abbeißen oder sich diesen
Liebesdienst von Arbeiterinnen der gleichen Art erweisen
lassen. Sie leben dann im Stock ganz dem Beruf des Eierlegens, in der Gestalt gleichen sie bis auf ihre bedeutendere
Größe den unfruchtbaren Arbeiterinnen.

Ein anderes Schicksal haben die flügellos gewordenen
Weibchen bei tropischen Termitenarten insofern, als ihr
Hinterleib zu unförmlicher Dicke und Schwerfälligkeit an-
schwillt. Die völlig bewegungsunfähigen Tiere werden als
„Königin" in einer engen Zelle im Innern des Stockes ein-
gemauert und von Arbeitern bewacht, gefüttert und gereinigt.
Sie legen ungeheure Mengen von Eiern, die ihnen gleichfalls

abgenommen und abgeschleppt werden. Bei diesen Tieren verliert auch das Männchen die Flügel und wird mit in die Zelle als „König" eingesperrt. In diesem Punkte sind die Geschlechter also gleich, die Weibchen erreichen jedoch einen Zustand, der sonst nur von denen schmarotzender Tiere erlangt wird.

Solche schmarotzenden und infolgedessen umgestalteten Weibchen lernten wir bei den rankenfüßigen Krebsen kennen, aber auch bei Insekten treten sie uns nicht selten entgegen. So sind die Weibchen der an Pflanzen schmarotzenden Schildläuse ausgesprochen rückgebildete, seßhafte, in die Nährpflanze eingebohrte unbewegliche hornige Schilder, auf die allein der Familienname paßt, während die Männchen kleine geflügelte Insekten von normaler Gestalt sind, die zuzeiten oft in großen Schwärmen auftreten.

Überblicken wir die Tatsachen, die im letzten Abschnitt aufgeführt worden sind, noch einmal, so stellen wir fest, daß die Organisation der beiden Geschlechter einer Art sehr verschieden sein kann. Ob man von einer höheren oder niederen Organisation sprechen will, hängt davon ab, ob man eine sehr einseitige Entwicklung zugunsten einer ganz bestimmten Leistung als Fortschritt oder Rückschritt anzusehen geneigt ist. Denn es handelt sich in einer Anzahl der besprochenen Fälle um eine Rückbildung eines großen Teiles der übrigen Organe zugunsten der Geschlechtsorgane, so daß im ausgeprägtesten Falle das Männchen fast nur eine der Ortsbewegung fähige Keimdrüse mit einigen Hilfsorganen, das Weibchen im wesentlichen einen Eierbehälter darstellt.

Solche Rückbildungen können alle Stufen aufweisen, bis zur Geringfügigkeit. Weshalb sie hier auftreten, dort nicht, entzieht sich unserer Kenntnis. Völlig unverständlich muß uns aber sein, daß bei einem am Wasser lebenden Schmetterling, dem Seeschmetterling, zwei verschiedene Weibchenformen nebeneinander vorkommen, von denen die eine ein normaler, geflügelter Schmetterling, die andere ein schwimmendes flügelloses Tier ist, das im Wasser lebt und nur zur Begattung seine Hinterleibsspitze aus ihm hervorhebt. In den anderen Fällen konnten wir uns irgendwie eine Erklärung

geben über Gründe und Bedeutung der verschiedenen Organisation der Geschlechter, oder wenn wir es nicht konnten,
fanden wir doch wenigstens ein für die Art einheitliches
Bild; hier aber können wir uns von der Notwendigkeit zweier
Weibchenformen und von dem vollkommen vom Arttypus abweichenden Bau der einen von ihnen ganz gewiß keine Erklärung
geben, ebensowenig wie von der Tatsache, daß bei manchen
Tagfaltern der Tropen zwei oder mehr Formen eines Geschlechtes — des weiblichen — vorkommen, die sich uicht nur durch
die Farbe vom Männchen und untereinander unterscheiden.

In allen bisher besprochenen Fällen aber handelte es sich
um die Frage des Baues, der Organisation, und wenn dabei
gleichzeitig Größenunterschiede zur Sprache gebracht werden
mußten, so geschah dies vorläufig nebenbei. Nunmehr sollen
hierüber einige Betrachtungen folgen.

Das Größenverhältnis der Geschlechter.

Zunächst ist zu betonen, daß an sich ein Größenunterschied zwischen den Geschlechtern nichts mit den eben erörterten Unterschieden in der Organisation und ihrer Höhe
zu tun zu haben braucht. Das soll ein sehr klares Beispiel
zeigen, das uns von einer Spinnengattung, der *Seidenspinne*
(Nephila), geboten wird. Eine ihrer schönsten Arten lebt auf
Madagaskar, und schon ihrem Entdecker, einem französischen
Gelehrten, ist es aufgefallen, daß die Männchen dieser Art
im Verhältnis zu den Weibchen winzig klein sind (Abb. 33).
Aber es sind wohlentwickelte Spinnen, und ihre Kleinheit
wird dadurch erreicht, daß sie ihre Entwicklung in der Regel
mit einer geringeren Zahl der notwendigen Häutungen beenden als die Weibchen. Doch kann es vorkommen, daß sich
bei den Männchen aus bisher nicht bekannten Gründen die
Häutungsziffer vergrößert, und dann kommt es zwar nicht zu
Riesenmännchen im Verhältnis zur Größe des Weibchens, aber
doch zu der gewöhnlicher Männchen. Abb. 33 a und 33 b
zeigen ein Männchen von Durchschnittsgröße, das 5 Häutungen durchgemacht hat, und eines, das erst nach 9 Häutungen reif wurde, beide neben dem Weibchen, das im all-

gemeinen 11 Häutungen erledigt. Dies Beispiel zeigt uns, insbesondere wenn wir die Abbildung betrachten, die uns

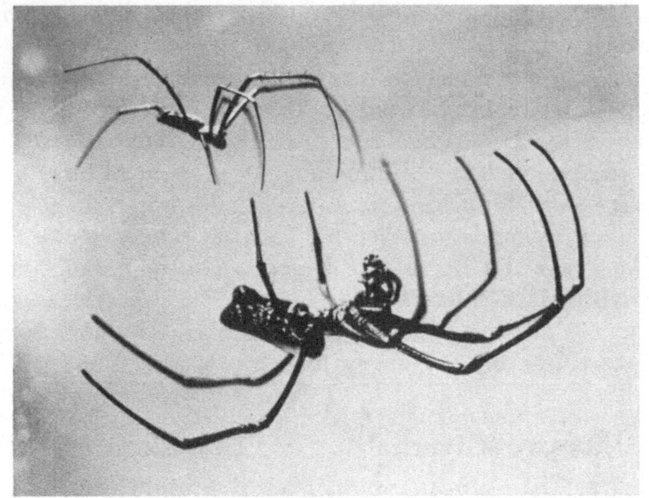

Abb. 33b.

Abb. 33a.

Männchen verschiedenster Größe, sämtlich aus einem Gelege stammend, zeigt, daneben ein Abweibchen, wie hier alle Übergangsstufen vorkommen zwischen Männchen, die wie Zwerge

wirken, und solchen, die verhältnismäßig nicht kleiner sind
als sehr viele Männchen anderer Spinnenarten. Hier ist nichts
zu sehen von einer Verkümmerung irgendwelcher Organe
des Männchens, nur ist es eben in allen Richtungen kleiner
als das Weibchen (Abb. 33 c).

Wenn wir bedenken, daß bei sehr vielen Tieren, aber im
allgemeinen nicht bei den Wirbeltieren, die Männchen ausgesprochen kleiner sind als die Weibchen, so werden beide

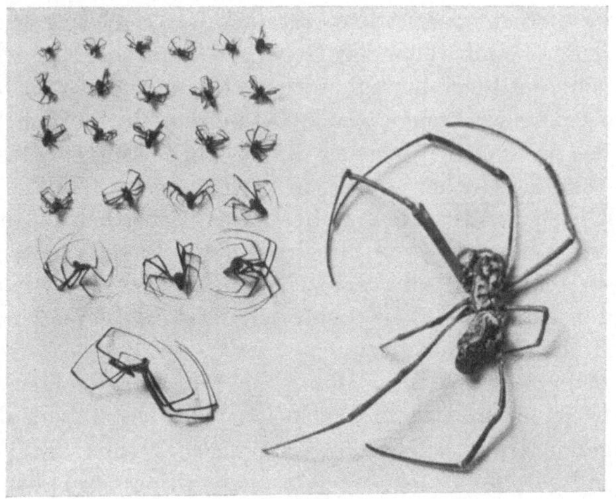

Abb. 33 c.

Abb. 33. Männchen und Weibchen der Seidenspinne (Nephila). *a* Männchen
in Durchschnittsgröße (auf der Bauchseite des Weibchens), *b* ungewöhnlich
großes Männchen nach neun Häutungen, *c* Männchen verschiedener Größe
aus einem Gelege, daneben ein Weibchen.

Tatsachen ihre Gründe haben. Um zu verstehen, weshalb bei
ursprünglichen Tieren die Männchen so oft viel kleiner sind
als die Weibchen, müssen wir uns die Tatsache vor Augen
halten, daß der männliche Körper innerhalb der Art deshalb
von vornherein kleiner gehalten werden *kann*, weil das, was
ihn zum männlichen Organismus macht, die männlichen
Keimzellen, die er hervorbringt, und darum auch die Keimdrüse, in der sie gebildet werden, viel weniger Raum im

85

Körper einzunehmen brauchen als die Eierstöcke, die die größten Zellen des Körpers in den Eizellen liefern müssen. Sehen wir die eiergeschwellten Termitenweibchen und die zugehörigen Männchen an, so haben wir ein schönes Beispiel dafür, wie die Gegend des Leibes, die die Eier birgt, außerordentlich vergrößert ist, während der übrige Körper nicht so sehr verändert ist.

So ist die größere Dicke des *Hinterleibes* bei den weiblichen Gliederfüßlern, für die sich Hunderte von Beispielen anführen ließen, unmittelbar verständlich aus dem großen Umfang der keimbereitenden Organe. Wenn aber ein schwererer Leib vom Fleck bewegt werden soll, so müssen entweder die Bewegungswerkzeuge verstärkt werden im Vergleich zu denen des Männchens, oder sie leisten eben weniger. Das gilt schon für die Gehbewegung, in noch höherem Maße aber für den Flug der Insekten. Daher ist es begreiflich, wenn die schweren Weibchen von Nachtschmetterlingen, besonders Spinnern, entweder sehr schlechte Flieger sind oder diese Bewegungsart, wie früher angeführte Beispiele gezeigt haben, gänzlich aufgegeben haben.

Bei den Spinnen, deren Männchen mit sehr wenigen Ausnahmen kleiner sind als die Weibchen, ist ebenfalls der dicke, eiertragende Hinterleib das auffallendste Zeichen der Weibchen, und gerade bei sehr ursprünglichen Spinnen beschränkt sich der Größenunterschied der Geschlechter fast oder ganz auf den Hinterleib. Wie es dann gekommen ist, daß in bestimmten wenigen Familien die Männchen Grade der Kleinheit erlangt haben, wie sie vorhin für die Seidenspinne geschildert wurden, ist nicht leicht zu verstehen. Das sehr kurz lebende Männchen wird auch körperlich immer unbedeutender, so wie es im Leben der Art nur eine sehr vorübergehende und oft wenig rühmliche Rolle spielt, wie bei den Arten (in Deutschland lebt eine, die gebänderte Radspinne oder Argiope, die bei Berlin und Dessau gefunden wird), deren Weibchen unmittelbar nach der Begattung ihr Männchen einspinnen, töten und fressen.

Es ist gewiß auffallend, daß sehr kleine Männchen manchmal bei solchen Tierarten vorkommen, deren Weibchen, wie später zu besprechen sein wird, sich den größeren Teil des Jahres hindurch ohne männliche Beihilfe durch unbefruchtete Eier fortpflanzen. Hier ist die Rolle, die das Männchen im Artleben spielt, noch geringer als bei den erwähnten Spinnen, und man hat ernsthaft davon gesprochen, und es sind Gründe dafür da, daß vielleicht solche Formen auf dem Wege zum völligen Verluste des männlichen Geschlechtes seien.

Dazu scheint folgende Betrachtung am Platz: Wenn diese Annahme richtig ist, so würde die im Laufe der Artgeschichte auftretende Verkleinerung der Männchen zunehmen und irgendwie — man wird sich dies Wie nicht so leicht vorstellen können — zum Aussterben der Männchen führen. Dagegen spricht manches: wir kennen in der Tat Tierarten, deren Männchen so selten sind, daß sie so gut wie nie gefunden werden, und andere Formen sind als Männchen überhaupt noch nicht bekannt. Natürlich muß man sich vor Augen halten, daß ein einziges aufgefundenes Männchen sehr viel beweist, während ihr Fehlen nur scheinbar sein kann und darum nicht allzuviel bedeutet.

Das Seltsamste ist, daß ein spärliches Vorkommen oder gar ein „Fehlen‘‘ der Männchen oft bei einer Art vorkommt, deren nächste Verwandte die gewöhnliche Anzahl von Männchen neben den Weibchen, nämlich etwa 50%, aufweisen. So gibt es bei uns in Ameisensiedlungen unter Steinen eine kleine Grille, die Ameisengrille, von der kein Männchen bekannt ist. Ihre südeuropäische Verwandte zeichnet sich durch geringe Zahl der Männchen aus, eine amerikanische hat normale Männchenziffer. Eine riesige Laubheuschrecke, die Säbelschrecke, deren nördlichster Fundort bei Wien liegt, ist nur in ganz wenigen männlichen Stücken in allen Sammlungen der Welt bekannt, während nahe verwandte Arten in diesem Punkte keine Besonderheit zeigen. Nun kann aber nirgends bei diesen männchenarmen und scheinbar männchenlosen Formen irgendwo in der Verwandtschaft eine Verkümmerung oder besondere Kleinheit der Männchen nachgewiesen werden, sondern es werden hier einfach die normal gestalteten Männchen in ihrer Ausbildung unterdrückt. Im übrigen können zwerghaft kleine *und* in ihren Organen rückgebildete

Männchen bei Tieren vorkommen, bei denen nichts von männchenloser Fortpflanzung bekannt ist. Das eine ist aber sicher: *wenn* eines der beiden Geschlechter jemals überflüssig wird, so kann es niemals das weibliche sein. Das männliche kann dagegen unter Umständen entbehrt werden, die später zu erörtern sein werden.

Kleinheit der Männchen bei großer Beweglichkeit läßt sich verstehen; Kleinheit, verbunden mit Schmarotzertum am Weibchen, ist in seiner Entstehung eigentlich nur dann einleuchtend, wenn das Weibchen selbst schmarotzt, wie wir es bei Spalt- und Rankenfußkrebsen sahen. Schmarotzertum am oder gar im frei lebenden Weibchen (wie bei der grünen Bonellia) dürfte schwer zu erklären sein.

Bisher war aber immer nur von einem Größenunterschied der Geschlechter zuungunsten des Männchens die Rede. Wie ist es angesichts der eingangs festgestellten Tatsache, daß die männlichen Keimzellen einen kleineren Körper zu ihrer Ausbildung brauchen, zu verstehen, daß männliche Tiere gerade innerhalb der uns am nächsten angehenden Wirbeltiere *größer* sein können und sind als die Weibchen?

Zunächst sollen unter den warmblütigen Wirbeltieren zwei Ausnahmen von der überlegenen Größe der Männchen festgestellt werden: bei den Raubvögeln sowie unter den Säugetieren bei den Tapiren sind die Männchen kleiner als die Weibchen.

Es ist also in der gleichen Klasse beides möglich, und wir werden auch leicht einsehen können weshalb. Da, wo die Keimdrüse im Verhältnis zur Gesamtgröße des Tierkörpers einen beträchtlichen Raum einnimmt, wird sie bestimmend für die Größe des Tieres sein können. Je kleiner aber die Keimdrüsen im Verhältnis zur Körpergröße werden, desto weniger werden sie diesen bestimmenden Einfluß behalten, und so kann sich der Körper in seiner Gesamtgestaltung von ihnen unabhängig machen. Wenn wir bedenken, welch kleinen Raum die Keimdrüsen im Säugetierkörper einnehmen, so verstehen wir, daß ihr Umfang für die Größenentwicklung des Tieres gar keine Bedeutung hat, und daß es ganz gleichgültig für ihre Tätigkeit ist, ob der Körper etwas größer oder kleiner ist. Wir werden uns hier aber fragen müssen, welche Entstehungsursachen für die überlegene Größe des einen oder des anderen Geschlechtes wir annehmen dürfen.

Daß einmal ein Zurückbleiben des Männchens in der Größenentwicklung, andererseits ein Wachstum des Weibchens über das gewöhnliche Maß, das nach der Verwandtschaft zu erwarten wäre, und daß drittens eine Vereinigung beider Vorgänge zu der häufigen Unterlegenheit des Männchens an Körpergröße führen können, geht aus dem schon Gesagten hervor. Es ist nicht immer allein die größere Beweglichkeit des Männchens, die zu seiner Verkleinerung geführt hat, sondern Schmarotzertum am Weibchen, kurze Lebensdauer des Männchens, die die Organe der Ernährung überflüssig machen kann, sind wohl vor allem bei der Herbeiführung der Formen, die wir als echte Zwergmännchen (wie bei Spaltfuß- und Rankenfußkrebsen sowie bei Rädertieren) bezeichnen, die also Zeichen deutlicher Rückbildung tragen, maßgebend gewesen.

Umgekehrt ist die Vergrößerung des weiblichen Körpers da, wo sie durch die der Keimdrüsen wesentlich bestimmt wird, verständlich in den Fällen besonders großer Fruchtbarkeit. Es sei nur an die Termitenkönigin und an die Weibchen der schmarotzenden Krebse erinnert. Nicht so klar liegt der Fall bei den Spinnenweibchen der Gattung Nephila, die ihr Männchen um das 1500fache an Größe und Gewicht übertreffen können. Bei ihnen ist die Fruchtbarkeit bedeutend, aber nicht größer als bei verwandten Formen, und der Hinterleib, der die Eierstöcke enthält, ist in keiner Weise unförmig geschwollen. Auch ist die überraschende Kleinheit der Männchen nicht ohne weiteres aus ihrer Lebensweise verständlich. Man hat angenommen, daß in diesen und ähnlich liegenden Fällen das Männchen durch seine Kleinheit vor der Freßlust des stärkeren Weibchens geschützt sei. Eingehende Beobachtungen, die ich auf diesem Gebiete machen konnte, sprechen nicht für die Richtigkeit dieser Annahme; ja, gerade bei einigen Spinnenarten mit sehr kleinen Männchen werden diese sogar mit großer Regelmäßigkeit von ihren Weibchen nach der Paarung aufgefressen.

So ist uns ein gewisser Größenunterschied zuungunsten des

Männchens in vielen Fällen verständlich, gerade die höchsten Stufen dieses Zustandes aber stellen uns vor nicht lösbare Rätsel.

Fragen wir uns sodann, welche Gründe umgekehrt bei den höheren Wirbeltierformen meist eine bedeutendere Größe der Männchen hervorgerufen haben, so dürfen wir annehmen, daß es vor allem der Schutz und die Verteidigung des brütenden und die Jungen pflegenden Weibchens und die Unbeschäftigtheit des Männchens zu dieser Zeit mit den Aufgaben des Geschlechtslebens es zu dem größeren und stärkeren Geschlecht haben werden lassen, als das es ja im menschlichen Leben allgemein gilt. Dazu kommen vielleicht auch die Kämpfe mit Nebenbuhlern, die ja sicher zum Teil für den Besitz von Waffen beim Männchen verantwortlich sind. Daß bei vielen Vögeln die Geschlechter ziemlich gleich groß sind, spricht nicht gegen diese Auffassung; woher die erwähnten Ausnahmen kommen, bei denen das Männchen kleiner ist (Raubvögel, Tapire), entzieht sich wohl jeder Erklärung.

So ergibt sich im ganzen ein buntes Bild, wenn wir die Zusammensetzung der Arten aus ihren gleich, verschieden oder bis zur Unkenntlichkeit abweichenden Geschlechtstieren betrachten, und wir sind weit davon entfernt, uns für die Ursachen dieser unendlichen Mannigfaltigkeit in auch nur annähernd der Mehrzahl der Fälle eine Erklärung geben zu können.

Der Trieb der Geschlechter zueinander.

Mit unwiderstehlicher Gewalt werden die Geschlechter einer Art zueinander getrieben, und wir haben früher gesehen, daß zu ihrer Vereinigung alle Sinne in Dienst gestellt werden.

Betrachten wir diesen Trieb genauer, der die Geschlechter zueinander führt, und der deshalb als *Geschlechtstrieb* bezeichnet wird, so ist er im einfachsten Falle bei beiden Geschlechtern im Wesen gleich und zielt nur auf die Entleerung der Keimzellen hin. Wir können hier von einem *Entleerungstrieb* reden, der begleitet sein kann von einem Wandertrieb, der die Tiere die Laichplätze aufsuchen läßt. Dazu kann, wie wir es bei den Fröschen (s. S. 17) kennenlernten, ein zweiter Trieb kommen, den man als *Umarmungstrieb* bezeichnet hat und den wir Vereinigungstrieb nennen wollen. In diesen Fällen werden die Eier und Samenzellen gleichzeitig entleert. Wo das nicht stattfindet, also da, wo eine innere Befruchtung vorkommt, kann noch ein dritter Teiltrieb hinzukommen, den wir den *Entspannungstrieb* nennen wollen. In diesen höher entwickelten Fällen ist es die Regel, daß sich diese Teiltriebe in den beiden Geschlechtern nicht gleich verhalten. Betrachten wir zuerst das Verhalten männlicher Tiere.

Auf S. 29 wurde die umständliche Art der Spinnenmännchen geschildert, seine Taster erst mit Samen zu füllen, ehe es ihn auf das Weibchen übertragen kann. Hier läßt sich am besten die Trennung der einzelnen Teiltriebe zeigen; denn wenn das Männchen leere Taster hat, kümmert es sich nicht um die Weibchen. Es tritt dann der Entleerungstrieb auf, der das Tier zwingt, den Samen nach außen abzusetzen, und gleichzeitig der zur Füllung der Taster, der bei wenig anderen Tieren ein Seitenstück findet. Erst dann tritt der Trieb auf, ein Weibchen aufzusuchen (Vereinigungstrieb) und die gefüllten Taster zu entleeren (Entspannungstrieb). Viel weniger deutlich lassen sich bei Wirbeltieren diese Bestandteile des Geschlechtstriebes entwirren, vorhanden sind sie aber auch da.

Für die *weiblichen* Tiere gilt da das gleiche wie für die männlichen, wo die Eier ins Wasser entleert und dort besamt werden. Anders wird auch hier der Trieb mit dem Auftreten einer inneren Befruchtung. Bei den Wassermolchen sahen wir (S. 19), daß das Weibchen den vom Männchen abgesetzten Samen sich einverleibt und erst später Eier legt. Vereinigungs- und Entleerungstrieb sind also auch hier geschieden, aber es folgt der Entleerungstrieb — umgekehrt wie bei dem Spinnenmännchen — dem zur Vereinigung mit dem anderen Geschlecht nach. Ein Entspannungstrieb kann zweifellos vorhanden sein, doch ist es schwer zu entscheiden, ob in manchen Fällen das Weibchen die Paarung nur duldet und nicht anstrebt. Die zweite Frage ist die, wieweit die Abgabe der weiblichen Keimzellen durch besondere Triebe geregelt oder ohne selbständiges Zutun des Organismus herbeigeführt wird. Auch hier waltet keine Einheitlichkeit, sondern es gibt — bei Fischen z. B. — einen ausgesprochenen weiblichen Legetrieb, während die Geburt des Säugetieres nicht durch einen entsprechenden Geburtstrieb der Mutter bewirkt wird. Nicht damit zu verwechseln sind die Triebe, die das Weibchen einen geeigneten Platz für Eiablage oder Geburt suchen lassen. Sie gehören schon in das Gebiet der Brutpflege. Werden die Tiere an diesem Suchen verhindert, so findet der Endvorgang meist trotzdem statt, wenn auch am ungeeignetsten Ort. Eine dritte Frage ist am besten an dem Verhalten weiblicher Säugetiere zu erörtern. Hier finden wir die eigentliche Abgabe der Eizellen aus dem Gewebsverbande des Körpers zeitlich weit von dem Geburtsvorgang getrennt; sie tritt dann ein, wenn das Ei den Eierstock verläßt, also vor der Befruchtung und Tragzeit, ohne Einwirkung eines „Triebes". Die Geburt der reifen Frucht entzieht sich, wie wir sahen, auch dem Willen des Tieres, so daß wir hier nicht wohl von einem weiblichen Entleerungstrieb in irgendeinem Sinne sprechen können.

Sehr deutlich zeigen Zwitter wie die Weinbergschnecke, wie bei ihnen der Vereinigungs- und Entspannungstrieb zugleich mit dem männlichen Entleerungstrieb, der weibliche Legetrieb aber erst viel später auftritt.

Der Ausbau der weiblichen Geschlechtswege.

Die bisherigen Erörterungen bezogen sich auf das Zusammenwirken der Geschlechter bei der Befruchtung des Eies, und wir lernten eine Fülle von Einrichtungen kennen, die diesem Zwecke dienen. Im folgenden soll nun die Geschlechtstätigkeit nach der Befruchtung besprochen werden, und dazu ist von vornherein zu bemerken, daß in der Mehrzahl der Fälle das männliche Geschlecht nicht mehr an ihm beteiligt ist, so daß also die weiteren Angaben überwiegend dem weiblichen zufallen. Es soll daher zunächst der Bau der weiblichen Organe und ihre Tätigkeit besprochen werden.

Ebenso wie im männlichen Geschlecht genügt im weiblichen für die sehr einfachen Verrichtungen, die wir bei sehr verschiedenen Wassertieren kennengelernt haben, eine gleichfalls sehr einfache Beschaffenheit der ausführenden Wege, die ja nur die Eier aus den Keimdrüsen zur Befruchtung in das Wasser hinauszuleiten haben. Je nach dem Körperbau und der Lage der Mündung wird die Länge eines solchen Leitungsweges sehr verschieden sein können, ebenso wird keine Regel über Paarigkeit oder Unpaarheit des Eileiters allgemein aufzustellen sein, da sich dies Verhalten nach dem der Keimdrüse selbst richtet.

Es sind mehrere Ursachen, aus denen die weiblichen Wege eine Ausgestaltung erfahren können: einmal die Verpflegung des Eies mit Nährstoffen für die Zeit seiner Entwicklung und die Verpackung dieser Stoffe mit dem Keim zusammen in den beschalten Körper, den wir vom Vogel her alle als „Ei" kennen. Hier schließen sich die Vorrichtungen an, die die weiblichen Organe sehr stark umgestalten können, und die auf eine längere Beherbergung des Eies oder dessen, was während der Entwicklung aus ihm wird, hinzielen; es sind dies die Einrichtungen, die wir als *Fruchthalter* (Uterus), beim Säugetier als Gebärmutter oder Tragsack, bezeichnen. Für die beiden Zwecke pflegen Drüsen in die Wand der Leitungs- und Aufbewahrungswege ihre Absonderungen zu ergießen.

Ganz andere Gründe sind es, die eine zweite Art von Umbildungen in den weiblichen Geschlechtswegen hervorrufen. Es handelt sich um Bildungen, die mit der inneren Befruchtung und mit der Begattung zusammenhängen. Niemals bei Wirbeltieren, aber weitverbreitet bei verschiedenen Stämmen der Wirbellosen finden wir Aussackungen des Leitungsweges, die, paarig oder unpaar, dazu bestimmt sind, den bei der Begattung in den weiblichen Körper eingebrachten Samen aufzunehmen und erst bei der Ablage der Eier wirksam werden zu lassen. Es sind dies die *Samentaschen,* die z. B. bei der Befruchtung der Insekten-, Spinnen- und Schneckeneier eine große Rolle spielen.

Wenn die Eiablage sehr lange Zeit auf die Begattung folgt, so kann das den Grund haben, und hat ihn oft, daß die Befruchtung unabhängig vom Zeitpunkt der Begattung dann erfolgt, wenn das Ei während des Legeaktes an der Mündung der Samentasche vorbeigleitet. Wohl das bekannteste Beispiel dieser Art ist das der *Bienenkönigin,* die nur einmal in ihrem Leben, auf dem Hochzeitsfluge, eine Begattung erfährt, aber 3 bis 4 Jahre imstande ist, Eier zu legen, die sie beim Legen mit dem Samen der unmittelbar nach dem Hochzeitsfluge gestorbenen Drohne befruchtet. Nun liegen gerade für die Biene die Dinge dadurch noch besonders eigenartig, daß nur die Eier befruchtet werden, aus denen Weibchen, seien es Königinnen, seien es verkümmerte Weibchen, die Arbeiterinnen, werden sollen, während die Drohnen, also die Männchen, sämtlich aus unbefruchteten Eiern stammen. Das ist die Entdeckung des schlesischen Pfarrers und Bienenzüchters *Dzierzon,* die später durch wissenschaftliche Untersuchungen vollauf bestätigt wurde. Wie ist das aber möglich, da doch *alle* Eier die Samentaschenmündung passieren müssen? Dadurch, daß die Königin in ihrer Macht hat, Eier unbefruchtet zu lassen, da ein besonderer Muskelapparat an der Samentaschenmündung sie in den Stand setzt, den Samen während des Legens zu den Eiern zuzusetzen oder ihn von ihnen zurückzuhalten. Doch steht die Wahl des Verfahrens auch wieder nicht in der Willkür der Königin, sondern sie wird vielmehr bestimmt durch den Bau der Zelle, in die das Ei gelegt werden soll. Die Berührung des legenden Hinterleibes mit den kleinen Zellen, die für die Aufzucht von Arbeitsbienen bestimmt sind, oder mit den gerundeten „Weiselwiegen" oder Königinzellen veranlaßt die Königin, die Eier zu befruchten, während die weite, wie die der Arbeiterinnen sechseckige Drohnenzelle durch ihre Berührung Unterlassen des Samenzusatzes bewirkt.

Sehr allgemein finden sich Samentaschen bei den Insektenweibchen, wenn auch die Besonderheiten der Bienenkönigin, soweit sie auf das Staatenleben zurückzuführen sind, wegfallen. Auch alle Spinnenweibchen haben Samentaschen, die aber bei ihnen in den äußersten letzten Abschnitt des weiblichen Leitungsweges münden, so daß Same und Eier erst an der Körperoberfläche in Berührung kommen. Auch hier kann ein Weibchen lange Monate legefähig bleiben und zahlreiche Eigelege von dem in den Taschen enthaltenen Samen befruchten.

Bei den Landlungenschnecken, also auch bei der mehrfach erwähnten Weinbergschnecke, muß infolge der verschiedenen Reifezeit für Samen und Eier die Befruchtung später erfolgen als die Begattung, nämlich erst zur rein weiblichen Zeit des Tieres (S. 40). Auch in diesem Falle ist es wieder das Mittel der Samentasche, das dazu dient, die Samenzellen aufzubewahren und lebend zu erhalten, bis die Eier zur Ablage reif sind. (Abb. 34.)

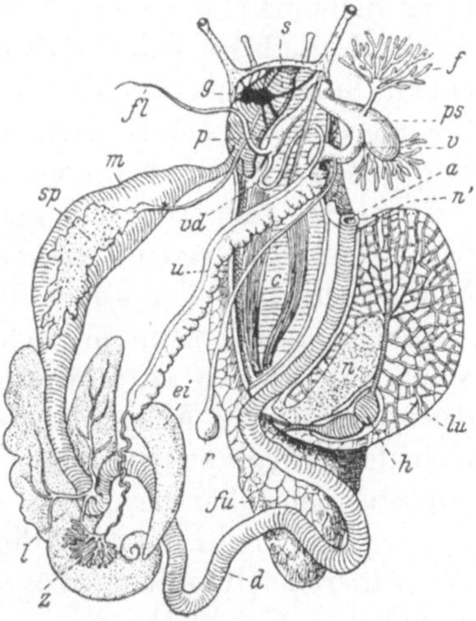

Bei einigen der erwähnten Formen erreichen die Samenzellen erst in der Samentasche des Weibchens ihre völlige Ausbildung und Befruchtungsfähigkeit.

Neben den Samentaschenbildungen sind hier und da an den weiblichen Organen (bei Plattwürmern und Insekten) noch andere Aussackungen vorhanden, die wohl immer unpaar sind und zur Aufnahme des männlichen Begattungsorganes dienen, sogenannte *Begattungstaschen*. Aber sie sind selten. Meist wird ihre Aufgabe durch den Endabschnitt des Eileiters erfüllt, der ganz allgemein die Bezeichnung *Scheide* trägt. Es kommt vor, daß die weiblichen Wege mehr als eine Öffnung ins Freie besitzen, daß nämlich eine für die Begattung und die andere für die Ablage der Eier da ist. So liegt bei Laubheuschrecken und Grillen die Begattungsöffnung, die zur Aufnahme der Samenkapsel (S. 27) dient, unter der

Abb. 34. Anatomie der Weinbergschnecke (geöffnet und die Organe auseinandergelegt). *a* After, *d* Darm, *ei* Eiweißdrüse, *f* fingerförmige Drüsen, *fl* Flagellum, *fu* Fuß, *g* Gehirn, *h* Herz, *l* Leber, *lu* Lunge, *m* Magen, *n* Niere, *n'* Harnröhrenmündung, *p* Penis, *ps* Liebespfeilsack, *r* Samenbehälter, *s* Schlund, *sp* Speicheldrüse, *u* Gebärmutter, *v* Scheide, *vd* Samenleiter, *z* Zwitterdrüse. (Nach Goldschmidt.)

Wurzel der langen Legeröhre, durch die die Eier beim Legeakt hindurchwandern. Sehr verwickelt gestalten sich — einigermaßen überraschenderweise — bei den Plattwürmern, den
Strudel-, Saug- und Bandwürmern die weiblichen Endwege,
und getrennte Wege für Begattung und Eiablage sind hier
keine Seltenheit. Bei ihnen findet sich noch die Besonderheit
an der Keimdrüse selbst, daß oft nur ein Teil von ihr echte,
entwicklungsfähige Eizellen liefert, während ein anderer verkümmerte Eier hervorbringt, die den anderen als Nährmasse
beigegeben werden. Da noch besondere Schalendrüsen und
Seitenkanäle hinzukommen können, zeigt der weibliche Apparat dieser zwittrigen Tiere den denkbar höchsten Grad von
Mannigfaltigkeit aller seiner Teile.

Die Begattung kann je nach der Art ihres Ablaufes beim
Weibchen, wie wir es beim Männchen sahen (S. 24), Anforderungen an die Ausgestaltung der äußeren Mündung der
Geschlechtswege stellen, und oft sind diese Organbildungen
nur aus dem Bau des entsprechenden männlichen Organes
zu verstehen. Sehr merkwürdig ist es, daß bei den höheren
Wirbeltieren (Reptilien, Vögeln, Säugetieren) da, wo im
männlichen Geschlecht ein eigenes Begattungsorgan vorhanden ist, sich im weiblichen eine Bildung findet, die ein ver-
kleinertes Abbild dieses Organes darstellt und alle seine Bestandteile zu enthalten pflegt, bei Eidechsen und Schlangen
wie das männliche Organ paarig, bei den übrigen unpaar ist.
Das Vorhandensein dieses Gebildes erklärt sich daraus, daß
die Anlage der äußeren Geschlechtsorgane während früher
Stufen der Entwicklungsgeschichte in beiden Geschlechtern
völlig gleich ist, so daß erst während der Entwicklung im Ei
oder Mutterleib die Ausbildung nach der einen oder anderen
Seite vollzogen wird.

Schließlich ist noch ein dritter Grund zu nennen, aus dem
die Endwege der weiblichen Organe nach einer bestimmten
Richtung ausgebaut sein können: häufig finden sich in sehr
verschiedenen Stämmen des Tierreiches dauernde oder zeitweilig vorgestreckte Verlängerungen des Leitungsweges über
die Körperoberfläche hinaus, die im allgemeinen als *Legeröhren*, im einzelnen je nach der Form und Härte, die sie in

sehr verschiedenem Maße zeigen, als Legebohrer, Legesäbel, Legestachel usw. bezeichnet werden.

Eine nur vorübergehend auftretende und weiche Form einer Legeröhre hatten wir (S. 15) beim Weibchen des *Bitterlinges* kennengelernt, das damit in die Kiemenhöhle einer Malermuschel eindringt und sein Opfer reichlich mit Eiern beschenkt. Auch war schon die Rede von der leicht zu sehenden Legeröhre der weiblichen Grillen und Laubheuschrecken, die bei der großen grünen Heuschrecke als schwertförmiger leicht gebogener langer Fortsatz das Hinterende des weiblichen Körpers überragt. Im September kann man die Weibchen oft beim Legegeschäft beobachten, bei dem sie diesen Säbel rechtwinklig in die Erde bohren und ihre Eier so in die Tiefe betten. Es sind auch sonst ganz besonders die Insektenweibchen, bei denen die Legeröhrenbildungen der verschiedensten Art den höchsten Grad der Ausbildung gewinnen. Hier sei nur an die verschiedenen Bohrapparate erinnert, mit denen Holz- und manche Schlupfwespen ihre Eier in das Holz lebender Bäume, aber auch in Balken, gefällte Stämme usw. legen, die ersten, um ihren Larven das Holz selbst, die anderen, um ihnen im Baum schmarotzende Larven anderer Insekten als Nahrung zu verschaffen. Es sei erinnert an die schließlich auch aus Legeröhren hervorgegangenen sogenannten Wehrstachel der Bienen, Wespen, mancher Ameisen usw., die sich durch die Verbindung mit einer Giftdrüse zur gefährlichen, vielen von uns unliebsam bekannten Waffe umgebildet und somit von ihrem ursprünglichen Zweck weit entfernt haben und den Männchen immer fehlen. Die Mannigfaltigkeit dieser Bildungen ist im Insektenreiche ungeheuer groß, und es ist ein fesselndes Schauspiel, manche von ihnen im Gebrauch zu sehen, wofür nur ein Beispiel angeführt werden soll, das uns zugleich zeigt, wie für den Legebohrer wieder besondere Hilfsapparate geschaffen werden können (Abb. 35).

Die großen, mit dem Stachel oft 5 cm Länge erreichenden Holzschlupfwespen der Gattung Ephialtes sieht man oft an Fällholz ihrer Legetätigkeit nachgehen, und man kann, auf einem solchen Stamm sitzend, das seltsame Spiel oft aus nächster Nähe beobachten. Eine solche große, schlanke Wespe, deren Bohrer körperlang ist, erscheint unruhig und mit den Fühlern unaufhörlich tastend auf dem Stamm, kriecht auf ihm hin und her und sucht anscheinend etwas. Schließlich findet sie es auch in Gestalt eines engen Bohrloches einer bohrenden Larve, und alsbald richtet sie sich senkrecht auf, um den Legebohrer fast parallel zum Körper nach vorn und unten zu biegen, bis seine Spitze in das Bohrloch eindringt. Aber das, was wir bis jetzt für dies Organ gehalten haben, klappt wieder zurück, so daß es wie vorher in der Verlängerung des Körpers nach hinten steht. Nun muß man etwas genauer hinsehen, um zu verstehen, was vorgegangen ist. Der harte lange Stachel, den wir bisher nur sahen, erweist sich als eine zweiklappige Scheide einer feinen dünnen, etwa roßhaarstarken Borste, die allein in dem Bohrgang verbleibt und die vorher zwischen den beiden festen Klappen der Scheide eingeschlossen war. Diese Scheide diente als Führungsorgan, da der feine Faden der eigentlichen Legeröhre kaum imstande wäre, den Eingang zur Wohnröhre des Opfers zu erreichen, sondern ausbiegen würde. Man sieht nun auch, daß der Ursprung der feinen Borste weiter nach vorn am Bauch der Wespe liegt als der der Scheide. Jetzt wird allmählich die Borste immer tiefer und tiefer in den Gang der Larve eingeschoben, bis seine Ursprungsstelle am Bauche der Wespe dem Stamm vollkommen anliegt. So verharrt das Tier einige Minuten, dann zieht es den Bohrer langsam wieder heraus, und sowie seine Spitze wieder frei geworden ist, schnellt er nach rückwärts wieder in den Spalt zwischen den beiden bergenden Klappen der Scheide. Man weiß nicht, was man mehr bewundern soll, die Ausgestaltung des Legeapparates oder den sicher wirkenden Trieb, der das Tier dazu leitet, sein Opfer im Stamm aufzufinden und ihm mit dem Stachel zu Leibe zu gehen; denn in den Minuten der Bewegungslosigkeit hat die

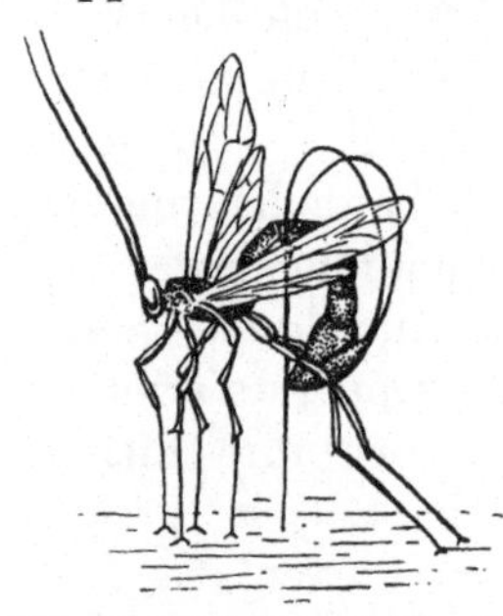

Abb. 35. Weibliche Schlupfwespe, Eier legend.
(Aus Goldschmidt.)

Wespe der Bohrlarve ein Ei einverleibt. Sie fliegt dann weiter und sucht sich ein anderes Bohrloch, an dem sich dann das gleiche Spiel wiederholt.

Schließlich sei noch eine Form der Legeröhre erwähnt, deren Gebrauch gleichfalls leicht zu beobachten ist. Jeder kennt die langbeinigen Weberknechte oder Kanker, deren Männchen an der Bauchwurzel als Ausnahme unter den Spinnentieren ein echtes Begattungsorgan führen (S. 32). An der gleichen Stelle vermag das Weibchen eine weit überkörperlange, weiche und biegsame, nur an der Spitze harte Legeröhre hervorzustrecken. Das kann man sehen, wenn man im Oktober einige Kankerweibchen in ein Gefäß mit Erde setzt. Ist die Stunde des Eierlegens gekommen, so legt das Weibchen die Bauchfläche platt auf den Boden, aus der kleinen Öffnung, die an ihr unmittelbar hinter den letzten Fußwurzeln liegt, dringt langsam die feste Spitze der Röhre hervor und bohrt sich in den Boden ein, und wenn der dünne Schlauch in voller Länge, oft in Krümmungen, eingedrungen ist, sieht man durch ihn einen weißen länglichen Körper gleiten, das noch weiche und formbare Ei, das sich aber, wenn es frei geworden ist, zur Kugel formt und an seiner Oberfläche erhärtet. Auch hier, wie bei der Heuschrecke, dient die Legeröhre also dazu, die Eier der bergenden Erde während des Winters anzuvertrauen, tief genug, um sie vor Frostschaden zu schützen.

Daß da, wo die Eier nicht irgendwie in Erde oder einen Tierkörper eingesenkt werden, sondern bloß oberflächlich auf den Boden oder an eine Futterpflanze für die Brut angeklebt werden sollen, wo sie durch Gespinste geschützt oder in Höhlen abgelegt werden, derartige Legevorrichtungen nicht nötig sind, bedarf keiner besonderen Auseinandersetzung. Ebenso sind bei der Geburt lebender Jungen keine besonderen Bildungen an der weiblichen Geschlechtsöffnung vorhanden, die auf diesen Vorgang Bezug hätten.

Alles in allem haben wir gesehen, wie die verschiedenen Aufgaben des weiblichen Geschlechtsapparates, Versorgung des Eies mit Nährstoffen, innere Brutpflege, Aufnahme des männlichen Samens und Ablage der Eier, sich im Bau der

Leitungswege äußern können. Selten werden mehrere dieser Organbildungen, alle wohl nie, gleichzeitig an dem Geschlechtsapparat *eines* Tieres vorhanden sein. Besonders reichhaltig ist die Ausgestaltung bei den Plattwürmern und bei den Insekten und manchen Weichtieren, während im allgemeinen bei den Wirbeltieren ein einfacherer Bau vorherrscht. So ist bei den Säugetieren außer den beiden Eierstöcken nur der immer paarige Eileiter und der alle Stufen von vollkommener Paarigkeit bis (bei Mensch und Affen) zu ebensolcher Einheitlichkeit aufweisende *Fruchthalter* (Uterus) vorhanden, der sonst meist die Mitte hält und einen unpaaren Körper und zwei Hörner nach den Eileitern hin zeigt. Der nach außen folgende Abschnitt, die Scheide, ist, außer bei den niedrigsten Säugern, immer einheitlich und mündet fast immer mit dem Harnweg durch einen sogenannten Vorhof nach außen. Merkwürdig ist, daß bei den *Vögeln* der rechte Eierstock samt Leitungsweg verkümmert, der linke als „Legedarm“, wie er beim Huhn genannt wird, gut entwickelt ist. Auch hier ist ein weiterer Abschnitt vorhanden, der nicht ganz richtig auch als Fruchthalter bezeichnet wird, der das Ei aber nicht während seiner Entwicklung zur Frucht, sondern nur bis es seine Hülle von „Eiweiß“, die beiden zähen spiral gedrehten „Hagelschnüre“, die Schalenhaut mit der Luftkammer am stumpfen Pol zwischen ihren zwei Blättern sowie endlich die kalkige Schale erhalten hat; denn nur das Gelbe des Vogeleies ist die Eizelle selbst, die durch Dottereinlagerung schon beim Hühnerei unverhältnismäßig groß geworden ist, von dem etwa 24mal größeren Dotter eines Straußeneies oder gar dem noch sehr viel größeren ausgestorbener Riesenvögel auf Neuseeland und Madagaskar aber weit in den Schatten gestellt wird oder wurde.

Man sieht, die Tätigkeit des weiblichen Apparates kann wesentlich vielseitiger sein als die des männlichen; bei beiden aber kann der Bau einfach oder verwickelter sein, je nach der Leistung im Einzelfall.

Die Tätigkeit der weiblichen Organe nach der Begattung.

Die innere Brutpflege.

Es haben uns hier nun noch die Tierformen und ihr Leben zu beschäftigen, bei denen das männliche und weibliche Geschlecht nicht gleichzeitig mit der Abgabe der Keimzellen ihre Tätigkeit beenden, sondern bei denen die eigentliche Arbeit des Weibchens erst nach der Befruchtung der Eier in seinem Körper beginnt; richtiger gesagt, nach der Einführung des Samens in seinen Körper, gleichgültig, ob, wie bei den Wassermolchen, durch eigene Tätigkeit oder, wie weit häufiger, durch die des Männchens bei der Begattung.

Die Eier werden entweder sehr bald nach außen abgelegt, und dann können sie entweder ohne Mitgabe von Dotter, also von Ernährungsmaterial, in sehr einfacher Zellenform nach außen gelangen, oder der weibliche Organismus gibt ihnen aus seinem eigenen Haushalt solche Nährstoffe mehr oder minder reichlich mit, wie wir es in sehr deutlicher Form beim Vogelei sahen. Im ersten Fall ist das junge entstehende Lebewesen auf baldige eigene Nahrungsaufnahme angewiesen, im zweiten lebt es von den Dottervorräten, deren Mitgabe eine einfachste Form der Sorge für die Brut darstellt. In beiden Fällen reden wir von *eierlegenden Tieren*.

Anders werden die Dinge, wenn der erste Teil der Entwicklung innerhalb der weiblichen Wege, im Fruchthalter, vor sich geht; dann wird der Keim nicht wie in den beiden vorigen Fällen als Zelle, als mehr oder weniger versorgtes und verpacktes Ei, sondern als allerdings noch unentwickeltes, unreifes Tier geboren, oft dem Muttertier noch gänzlich unähnlich, oft aber von ihm nur durch den Größenunterschied abweichend.

Dann handelt es sich um *lebendgebärende Tiere*, wie wir sie alle in den Säugetieren kennen. Hier muß der Mutterkörper für die Ernährung nicht nur, sondern auch für die Atmung des sich entwickelnden Keimes aufkommen, und so sehen wir hier einen ausgesprochenen Fall von innerer Brutpflege.

Lebendgebärende Tiere gibt es teils verstreut in Gruppen, in denen sonst allgemein Eier abgelegt werden, wie z. B. bei manchen Insekten, wie den schmarotzenden Lausfliegen, bei der Sommergeneration mancher Blattläuse, aber auch bei sehr viel niederen Tieren, wie der berüchtigten Darmtrichine. Unter den Kriechtieren sind die Kreuzotter und die kleine lebendgebärende Eidechse solche Ausnahmen unter eierlegenden Verwandten. Schon *Aristoteles* wußte, daß der glatte Hai der Nordmeere lebende Junge trägt und gebiert, auch er im Unterschied gegen verwandte Arten. Schon der große griechische Philosoph kannte auch den sehr hoch entwickelten Ernährungsapparat im Fruchtalter dieser Meertiere (Abb. 36).

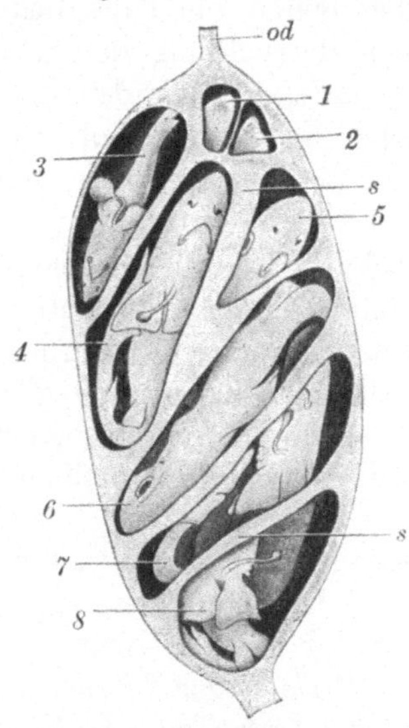

Abb. 36.   Trächtiger Fruchthalter des glatten Haies, geöffnet, mit acht Früchten (*1—8*) *od* Eileiter, *s* Scheidewände. (Nach Meisenheimer.)

Mit einer Ausnahme, die die Schnabeltiere Australiens darstellen, sind alle Säugetiere lebendgebärend, aber der Zustand der Entwicklung, in dem die Jungen geboren werden, ist bei ihnen sehr verschieden. Einmal besteht eine beträchtliche Kluft zwischen den *Beuteltieren* und den höheren Säugern, die durch die unpaare Scheide und dadurch gekennzeichnet sind, daß sie ihre Früchte unter sehr enger Verbindung zwischen kindlichem und mütterlichem Organismus in ihrem Fruchthalter zu einem hohen Grade der Ausbildung bringen, während bei den Beutlern die Endabschnitte des Geschlechtsweges paarig bleiben und ein wesentlicher Teil der Entwicklung der Jungen in dem Beutel durchlaufen wird, der den Tieren den Namen gegeben hat. Die Entwicklung im Fruchthalter dauert hier unter lockerer und nur sehr vorübergehender Verbindung mit der Mutter, ohne enge Gefäßvereinigung, nur verhältnismäßig kurze Zeit, und dementsprechend ist der Zustand der Neugeborenen auch sehr unentwickelt. So ist z. B. das neugeborene Junge des Riesenkänguruhs — das erwachsen im männlichen Geschlecht fast mannsgroß wird — etwa daumenlang. Über die Entwicklung im Beutel wird in anderem Zusammenhange zu reden sein.

Aber auch bei den Säugetieren, die die Höhe der Beuteltiere überschritten haben, ist die Entwicklungsstufe, auf der die Jungen geboren werden, im einzelnen recht verschieden. Man denke an den Unterschied zwischen dem menschlichen neugeborenen Kinde in seinem hilflosen Zustand, in dem es ganz auf die mütterliche Pflege angewiesen ist, und an ein eben geborenes Kalb oder Fohlen, das nach wenigen Stunden schon auf eigenen Füßen stehen kann.

Selbst innerhalb einer Säugetierordnung kann der Zustand der Jungen bei der Geburt außerordentlich ungleich sein. Neugeborene Ratten und Mäuse bieten ein Bild sehr geringer Vollkommenheit der Ausbildung mit ihrer kahlen Haut und den schwachen Gliedmaßen. Vergleicht man damit ein neugeborenes Meerschweinchen, das gleich nach dem Verlassen des Mutterleibes schon fähig ist, Grünes zu fressen, so erklärt sich dieser Unterschied dadurch, daß die Tragzeit bei beiden Tierformen sehr verschieden lang ist. Sie beträgt bei der Maus nur 3, beim Meerschweinchen dagegen 9 Wochen. Im allgemeinen kann wohl gesagt werden, daß die Dauer der Tragzeit mit der Körpergröße zunehme, aber dies ist nur eine ganz allgemein aufzustellende Regel, die im einzelnen zahlreiche Abweichungen zuläßt. So würde beim Meerschweinchen im Vergleich zu dem viel größeren Kaninchen, das nur etwas über 4 Wochen trägt, eigentlich eine viel kürzere Tragzeit zu erwarten sein, und wir kennen die Gründe nicht, die bei ihm eine so lange Dauer der Schwangerschaft und einen so hohen Ausbildungsgrad der Jungen haben entstehen lassen. Sehr lange Tragzeiten finden wir bei den Einhufern, zu denen unser Pferd und Esel gehören, nämlich 11 Monate, bei den verwandten Tapiren sogar 13. Der Elefant bringt es mit 22 Monaten zur längsten Tragdauer unter den Landtieren. Das Hausrind, das an Körpergröße dem Pferd nicht viel nachgibt, trägt ebensolange wie der Mensch, also 9 Monate. Daraus geht hervor, daß nur eine ungefähre Beziehung zwischen Tragzeit und Körpergröße besteht, daß aber diese Beziehung zweifellos vorhanden ist, ebenso wie eine solche zu der Lebensdauer der Art. Denn es ist klar, daß sehr kleine Säuger, wie Spitzmäuse und echte Mäuse, die sehr kurz leben und in einem Jahre mehrere Male Junge bringen, kurze Tragzeiten haben müssen, um dies überhaupt zu ermöglichen, während der Elefant bei sehr langem Leben und schwacher Vermehrung (alle 3 Jahre ein Junges) sich eine lange Ausbildung der Frucht im Mutterleib gestatten kann.

Nirgends ist die Verbindung zwischen Mutter und Kind so eng wie bei den lebendgebärenden Säugetieren; nirgends treffen wir so vollkommene Einrichtungen zur Ernährung und Atmung der Früchte im Mutterleibe an wie hier. Aber innerhalb dieser Vorrichtungen lassen sich viele Stufen von geringerer zu höherer Ausbildung feststellen. Auf Einzelheiten kann im Rahmen dieses Büchleins nicht eingegangen werden, da die Darstellung der Entwicklungsgeschichte der Säugetiere allein ein Bändchen füllen könnte. So soll hier nur kurz erwähnt werden, daß es kindliche und mütterliche Gefäße sind, die die Verbindung der Frucht mit dem Mutterkörper zu ihrer Versorgung mit Nahrung und Sauerstoff herstellen, und daß diese Gefäße zur Bildung des sogenannten Mutterkuchens (Placenta) die Fruchthüllen oder Eihäute benutzen, die sich, anders verwendet, auch schon bei Kriechtieren und Vögeln finden. Bei der Geburt werden diese Hüllen durchbrochen, die Verbindung zwischen Mutter und Kind lößt sich durch Zerreißen des Nabelstranges, und die Eihäute samt dem Mutterkuchen werden als Nachgeburt ausgestoßen.

Die Sorge des weiblichen Tieres für die Brut nach der Geburt oder Eiablage.

Die äußere Brutpflege.

Es ist durchaus nicht notwendig, daß ein Tier, das seine Eier abgelegt oder seine Jungen geboren hat, sich weiter um die Nachkommenschaft kümmert. Tausend Beispiele lehren uns, wie Tiere ihre Eier sich selbst und den Einflüssen ihrer Umwelt überlassen und oft sogar, wie bei den meisten Insekten, unmittelbar nach der Ablage sterben. Aber zahllose andere Fälle zeigen uns auch das Gegenteil, und die Mannigfaltigkeit der Vorkehrungen, die von seiten der Muttertiere getroffen werden, um das Schicksal der Brut, auch im Falle so frühen Sterbens, zu sichern, ist so groß, daß es unmöglich ist hier mehr als eine Auswahl von Beispielen zu geben.

Diese mütterliche Fürsorge für das kommende Geschlecht hat oft die Bewunderung der Menschen erregt, und oft machen diese Handlungen in ihrer anscheinenden Planmäßigkeit den Eindruck, als ob das Tier sich der Ereignisse voll bewußt wäre, die seine Nachkommen erwarten. Und doch können wir mit Gewißheit annehmen, daß von einer solchen Bewußtheit dieser Handlungen nicht die Rede sein kann, daß vielmehr aus der angeborenen und unbewußten Bereitschaft heraus, die wir als Instinkt zu bezeichnen pflegen, alles das geschieht, was wegen seiner Zweckdienlichkeit wie überlegtes Handeln aussieht. Es ist gut, sich das vorher klarzumachen, bevor man an die Betrachtung dieser Dinge herangeht.

Wir finden oft eine sehr mangelhafte und einfache Form der Sorge für die Brut bei niederen Tieren. Wenn zum Beispiel Wassertiere für ihre Eier vor deren Ablage weiter nichts tun, als daß sie eine seichte Mulde in den Sand höhlen, so ist das wohl das Mindestmaß der Fürsorge. Werden die Eier mit einer Sandschicht bedeckt, so geht sie schon einen Schritt weiter, und wenn ein besonders geschützter, von Wasserströmungen nicht beunruhigter Platz ausgesucht wird, an dem diese Handlungen ausgeführt werden, so muß das Muttertier anscheinend noch planmäßiger handeln. Viele Fische zeigen uns solche Vorkehrungen.

Oft werden auch bei Wassertieren die Eier an Pflanzen angeklebt und somit vor Druck durch die Berührung mit dem Boden bewahrt. Aber es können auch bei ihnen schon viel weitergehende Maßnahmen zur geeigneten räumlichen Unterbringung der Eier getroffen werden, die in ihrer Gesamtheit schließlich bei höherer Ausbildung zu dem führen, was wir auch bei Landtieren so häufig treffen und was wir als *Nestbau* bezeichnen (Abb. 37).

Aquarienbesitzern bekannt ist das Nest des einheimischen Stichlings, das ein aus allen möglichen Pflanzenteilen der Umgebung zusammengetragenes kugeliges Gebilde darstellt, das den Eiern — und später den Jungen — Schutz und durch angebrachte Öffnungen genügenden Durchstrom von Wasser gewährt, um die Atmung in Gang zu halten. Es berührt uns seltsam, daß in diesem Falle nicht das Weibchen, sondern das Männchen der Verfertiger dieses Nestes ist, wie überhaupt an sich die Brutpflege kein Vorrecht des Weibchens zu sein braucht. Sie kann ebensogut von beiden Geschlechtern gemeinsam oder auch nur vom männlichen ausgeübt werden, wenn uns auch aus der täglichen Erfahrung im allgemeinen die Fürsorge für die Jungen von seiten des Weibchens geläufiger ist. Diese Möglichkeit der Beteiligung beider Geschlechter an der Aufzucht der Jungen gilt für sehr verschiedene Formen der Brutpflege.

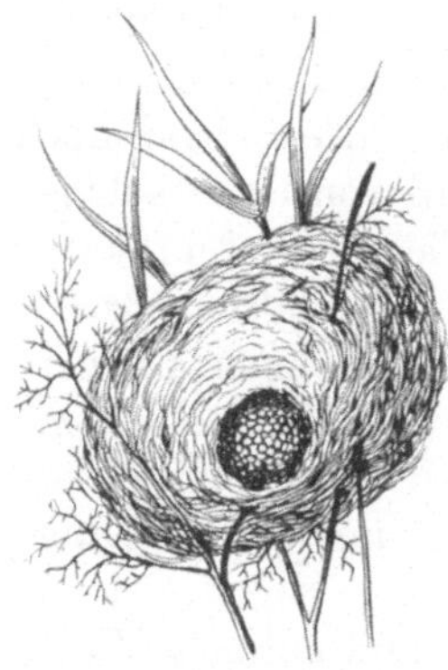

Abb. 37. Nest des Stichlingsmännchens mitEiern. (Nach Goldschmidt.)

Betrachten wir zunächst die Entwicklung der Fürsorgetätigkeit, von der wir schon einige Beispiele kennengelernt haben, in einigen weiteren Entwicklungsformen, also das, was als Anfertigung von äußeren, räumlichen Schutzvorrichtungen für die Brut zusammengefaßt werden kann, so treten uns erstaunlich vollkommene und vielbewunderte Maßnahmen bei einer Anzahl von *Insekten* entgegen. Wenn eine Schmetterlingsmutter ihre Eier nur an ganz bestimmte Pflanzen ablegt, eben die, die den auskriechenden Raupen zum Futter dienen, so ist das eine Handlung, die als Fürsorge für die Nachkommen schon sehr hoch eingeschätzt werden kann. Viel weiter geht aber diese Fürsorge bei Insekten, deren Larven sich nicht von Pflanzen, sondern von tierischen Substanzen ernähren, sei es von toten oder lebenden. Wenn man eine tote Maus, Eidechse oder dergleichen im Freien sich selbst überläßt, so findet man oft schon am nächsten Tage die schwarzgelben Käfer an der Leiche beschäftigt, die wegen ihrer segensreichen Tätigkeit als Totengräber bezeichnet werden, und deren Brutpflege sehr umfangreiche Handlungen verlangt. Erst wird nämlich eine Tierleiche durch vereinigte Kraftanstrengung mehrerer Käfer in die Erde verscharrt — was tagelang dauern kann —, und dann werden an sie die Eier gelegt, und die ausschlüpfende Brut ernährt sich von den verwesenden Stoffen ihrer Umgebung. Daß sogar tierische Abfallprodukte in ähnlicher Weise zu Brutpflegezwecken verwendet werden können, lehren die Beispiele der Mistkäfer, unter denen besonders die Arten berühmt geworden sind, bei denen ein Paar gemeinsam durch fortwährendes Drehen und Rollen eines Ballens eine wohlgeformte Kugel aus Mist zustande bringt. Wenn dieser dann tief in die Erde eingegraben worden ist, werden ihm als künftigem Nährboden die Eier anvertraut. Der bekannteste Käfer dieser Gruppe, der *heilige Skarabäus* der alten Ägypter, der unzählige Male an Tempelwänden, in Gräbern und auf Schmuckgegenständen abgebildet worden ist, galt als Symbol des Sonnengottes und seine Mistkugel als Abbild der Sonne selbst. Nahe verwandt sind die Pillendreher, die mit den sehr langen Hinterbeinen viel kleinere Kugeln zum gleichen Zweck formen. In den erwähnten Fällen wird von den Elterntieren nicht nur der Ort der Eiablage ausgesucht, sondern es wird auch noch eine Grabetätigkeit zum Verbergen der Eier entfaltet, die ihre Verpflegung für die Zeit nach dem Ausschlüpfen der Jungen mitbekommen.

Viel weiter geht die Brutpflege gewisser Hautflüglerarten, die gewöhnlich mit dem Sammelnamen der Wespen bezeichnet werden. Schon bei anderer Gelegenheit, bei der Beschreibung der Legestachel und ihrer Anwendung, wurde der Schlupfwespen gedacht, deren Larven in denen anderer Insekten als Schmarotzer ihre Entwicklung durchmachen. Hier ist der Suchinstinkt des Muttertieres außerordentlich stark ausgebildet, und zwar ist es meist eine ganz bestimmte Wirtsart, die mit der Schlupfwespenbrut bedacht wird, die also

allein auf die suchende Wespe die Wirkung ausübt, sie zur
Eiablage anzuregen.

Wieder anders entwickelt ist dieser Instinkt bei den Sand-
und Wegwespen, von denen die einen Raupen, die anderen
Spinnen einfangen, mit Stichen ihres Giftstachels lähmen,
aber nicht töten, und dann eingraben und mit einem ihnen
außen angeklebten Ei „beschenken“. Wenn aus dem Ei die
Larve auskriecht, findet sie in dem nicht verwesenden, sondern in seinem Lähmungszustand frisch gebliebenen Opfer
eine zweckmäßige und willkommene Nahrung, die ausreicht,
um bis zur Verpuppung die heranwachsende Brut zu erhalten. Hier ist also diese Brutpflege nicht mit einem Schmarotzertum der Larve verbunden und stellt deshalb andere,
aber nicht geringere Anforderungen an die Tätigkeit der
Mutter als bei den Schlupfwesen.

Wieder ganz besonders gestaltet sich die Brutpflege bei
solchen Insekten, deren Larven nicht in Tieren, sondern in
Pflanzen schmarotzen. Es handelt sich um die *Gallinsekten*
und die von ihnen verursachten Pflanzengallen, deren be-
kanntestes Beispiel wohl der Gallapfel unserer Eichen ist.
Er stellt nur einen von Hunderten von Fällen dar, in denen
ein weibliches Insekt, meist, aber nicht immer zu den Hautflüglern gehörig, also zu der Familie, die auch die Schlupf-,
Sand- und Grabwesen liefert, mit Hilfe eines Legestachels
ein Ei in das Blatt- oder Stengelgewebe einer, und zwar einer
ganz bestimmten Pflanze hineingelegt hat und in denen
die Pflanze nun auf diesen Einstich und den Reiz, den die
Entwicklung des Eies auf ihre Gewebe ausübt, in einer ganz
bestimmten Weise antwortet. Es ist schwer einzusehen, weshalb das Eichenblatt auf den Stich der Gallwespe hin den
schönen kugeligen Auswuchs hervorbringt, der wie eine
Frucht erst sich rötet und später verwelkt, der außerdem in
alter Zeit im menschlichen Haushalt als Mittel zur Bereitung
der Tinte eine bedeutende Rolle gespielt hat. Man hat von
einer „fremddienlichen Zweckmäßigkeit“ gesprochen, weil
die Pflanze die Galle in ihrer bestimmten Form lediglich
zu Nutz und Frommen der Gallwespe, nicht zu ihrem eigenen,
hervorsprossen läßt. Denn im Innern des Gallapfels finden

wir, wenn wir ihn durchschneiden, eine kleine Kammer, mitten im „Fruchtfleisch“, in der die Made der Wespe lebt, wächst und sich von dem Stoff des Auswuchses nährt.

Nicht immer indessen hat nur der Schmarotzer den Vorteil von seinem Aufenthalt im pflanzlichen Gewebe; in anderen Fällen zieht auch die Pflanze ihren Nutzen aus seiner Anwesenheit. Zwei Beispiele sollen das erläutern:

Einer dieser Pflanzenschmarotzer ist die Feigengallwespe, die im Orient eine große Bedeutung für die Veredelung der Feigen besitzt. Das Tier selbst ist ein kleiner Hautflügler und gehört zu den wenigen Insektenformen, bei denen im Gegensatz zu der häufigen größeren Beweglichkeit des Männchens

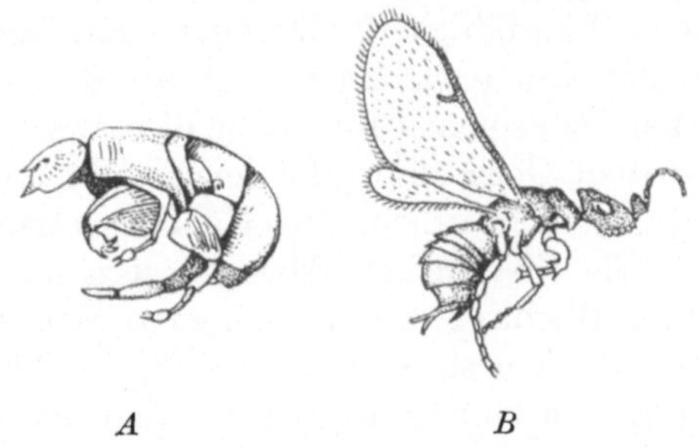

A   B

Abb. 38. Feigengallwespe. *A* Männchen, *B* Weibchen.
(Nach Goldschmidt.)

das Weibchen geflügelt, das Männchen aber flügellos ist (Abb. 38). Diese Umkehrung eines sonst häufigen Zustandes erklärt sich aus der höchst merkwürdigen Lebensweise des Tieres. Die wilden Feigen werden in einer sehr sonderbaren Art durch die Feigengallwespe befruchtet: sie besitzen neben männlichen und weiblichen Blüten noch verkümmerte weibliche, die man Gallblüten nennt, weil sie allein für die Entwicklung der Gallwespenlarve in ihrem Fruchtknoten brauchbar sind. Nun treten außerdem die Früchte der Wildfeige in drei Generationen auf, und zwar so, daß die erste, die im Frühjahr erscheint, fast nur Gallblüten, die zweite überwiegend männliche, die dritte fast nur weibliche Blüten, die beiden letzten aber daneben Gallblüten besitzen. Wegen dieser

verschiedenen Zeit des Auftretens sollte man meinen, daß
die Befruchtung der weiblichen Blüten kaum und höchstens
durch einen Zufall möglich wäre; aber diese Schwierigkeit
wird dadurch ausgeglichen, daß die weiblichen Blüten in den
noch jungen Feigen der letzten Generation, die männlichen
dagegen in den erwachsenen der zweiten geschlechtsreif werden. Diese zweite Generation enthält aber zugleich auch noch
Gallblüten.

In diesen Gallblüten entwickeln sich nun die Gallwespen
in beiden Geschlechtern. Die ungeflügelten Männchen helfen
selbst den Weibchen aus ihrem Gefängnis heraus, nachdem
sie etwas früher ausgekrochen sind, und zu dieser Zeit findet
auch die Begattung statt. Die geflügelten Weibchen machen
nun von ihrer Flugfähigkeit Gebrauch und verlassen den
Blütenstand, um sich nach einem Ort für die Ablage ihrer
Eier umzusehen. Als solchen finden sie die erwähnten Blüten-
stände der dritten Generation, die noch nicht ausgewachsen
sind, aber reife weibliche neben vielen Gallblüten tragen. In diese
allein werden die Eier gelegt. Aber es geschieht dabei das
für die Pflanze Wichtige: aus dem überwiegend männlichen
Blütenstande, aus dem sie stammt, hat die weibliche Wespe
eine Ladung Blütenstaubs mitgebracht, also der männlichen
Keimzellen der Feige, und ganz nebenbei, aber regelmäßig
wird nun auf die Narbe der weiblichen Blüten etwas von
diesem Staube übertragen und dadurch die Befruchtung herbeigeführt.

Diese sogenannten Früchte der Feigen sind in Wirklichkeit nicht Früchte wie etwa ein Apfel oder eine Kirsche,
sondern ein Blüten- und später ein Fruchtstand mit sehr
vielen einzelnen Blüten oder Früchten. Denn die Feige ist
in früheren Entwicklungsstadien ein schüsselartiger Frucht-
boden, auf dem nebeneinander eine Menge von Blüten stehen,
die aber allmählich von dem Schüsselrande überwölbt werden, bis sie schließlich an der Innenwand einer Hohlkugel
sitzen. Das, was wir beim Essen einer Feige als zahlreiche
kleine Körper spüren, sind die einzelnen kleinen Früchte.

Bevor die ganze Feige, also der Fruchtstand mit allen
Einzelfrüchten, reif geworden ist, bleibt oben an der dem

Stiel abgekehrten Verwachsungsstelle des Schüsselrandes ein
Loch offen, das sogenannte Auge der Feige, das kleinen Insekten, also vor allem unserer Gallwespe, den Ein- und Austritt gestattet.

Nun wird die Möglichkeit, Feigen durch dies Insekt befruchten zu lassen, seit alter Zeit an der kleinasiatischen
Küste von den Menschen dazu benutzt, die edelsten Eßfeigen,
die Smyrnafeigen, die nur noch weibliche Blüten erzeugen,
deren männliche aber verkümmert sind, dadurch zur vollen
Entwicklung des als „Feige" in den Handel kommenden, dick
und fleischig gewordenen Blütenstandes zu bringen, daß man
an den Feigenbaum einen Zweig der Wildfeige mit Gallblüten
anbindet, in denen sich die Gallwespen entwickeln.

Ebenso merkwürdig ist ein anderer Fall: eine bekannte
palmenartige Gewächshauspflanze, die Yucca, wird durch
einen kleinen Schmetterling befruchtet, dessen Weibchen
seine Eier in den Fruchtknoten legt, vorher aber Blüten-
staubmassen in die Narbe hineinstopft, damit also der eigenen
Brut wie der Pflanze einen Dienst erweist.

Die vielleicht bekannteste, jedenfalls die für den Menschen
und von ihm am meisten ausgenutzte Art der Brutpflege
eines Insektes ist wohl die der *Honigbiene*, die ihre Brut in
den regelmäßigen sechskantigen Zellen unterbringt, die auch
zur Aufnahme des Honigs angefertigt werden. Aber gerade
unsere Biene ist durch ihr Staatenleben in der Ausführung
der Brutpflege in eine andere Lage gelangt als andere Hautflügler, deren Weibchen jedes allein die ganze Sorge für die
kommende Generation übernehmen müssen. Hier bei der
Biene — und anderen staatenbildenden Verwandten, auch
bei den ganz und gar nicht verwandten Termiten — hat
dadurch, daß nur sehr wenige Weibchen hervorgebracht werden, deren Geschlechtsorgane unverkümmert sind und die
sich überdies noch so verteilen, daß in jedem Stock nur
eines als „Königin" in gewissem Sinne „herrscht", jedenfalls allein für die Fortpflanzung zu sorgen hat, der größte
Teil der weiblichen Tiere aber als „Arbeiterinnen" für die
Fortpflanzung nicht in Betracht kommt, eine weitgehende
Arbeitsteilung zwischen diesen beiden Arten von Weibchen

stattgefunden und damit auch eine Teilung in der Brutpflege. Die Königin ist nach der Ablage der Eier in die Zellen für deren weiteres Schicksal nicht mehr verantwortlich, während die Arbeiterinnen die Versorgung der Brutzellen mit der Nahrung für die künftigen Larven zu leisten haben, und zwar in verschiedener Weise je nach der künftigen Entwicklung zur Königin, Arbeiterin oder Drohne. Sie allein besitzen den Instinkt zum Bau der Zellen, wiederum in dreierlei Ausführung, je nach dem Geschlecht der Bewohner. So ist hier zwar die Unterbringung der Eier noch Sache des Weibchens, aber wer einmal gesehen hat, wie eine Bienenkönigin von dem „Hofstaat" ihrer Arbeiterinnen zu der zu belegenden Zelle geleitet wird, muß erkennen, wie auch diese Aufgabe nur zum Teil selbständig von der Königin erfüllt wird und wie ihr das Aufsuchen der betreffenden Zelle durch die Arbeiterinnen erleichtert wird. Es bleibt aber, wie auf S. 94 besprochen, der Königin vorbehalten, das Geschlecht des Tieres zu bestimmen, das aus dem abzulegenden Ei werden soll.

Im Termitenstaat sowie auch im Ameisenhaufen ist eine ähnliche Arbeitsteilung zum Teil noch weiter durchgeführt, und wie ausschließlich die Termitenköniginnen der tropischen Formen zu dauernder Hervorbringung ungeheurer Mengen von Eiern umgebildet werden, hat uns schon bei anderer Gelegenheit (S. 81) beschäftigt.

Bei diesen staatenbildenden Insekten finden wir eine Entwicklung der Sorge für die Brut, wie sie nur in einer solchen körperlich in verschiedene Formen und „Berufe" gegliederten Gemeinschaft möglich ist, und gerade die Brutpflege und ihre Ausbildung in dieser besonderen Richtung kann als eine der wichtigsten Aufgaben und vielleicht als der eigentliche Sinn dieser Staatenbildung betrachtet werden.

Was wir bei den Spinnen unter den Gliederfüßlern noch an weitgehenden Maßnahmen zur Unterbringung und zum Schutze der Eier sehen, reicht zwar nicht an die höchstentwickelten Fälle derartiger Handlungen bei den Insekten heran, aber auch bei ihnen ist in vielen Fällen doch ein bewunderungswürdiges Maß von Tätigkeit des Weibchens nötig, um die Hüllen herzustellen, die den Eiern mitgegeben werden. Es darf vielleicht angenommen werden, wie das von manchen Stellen geschieht, daß das gesamte Spinnvermögen der echten Spinnen ursprünglich zu Zwecken der Brutpflege erworben wurde, und daß erst viel später sich die Webekünste entwickelt haben, die wir bei manchen Familien antreffen und die wir in einer hochentwickelten Form in dem Radnetz der Kreuzspinne bewundern. Selbst solche Spinnen, die keine Netze weben, verwenden ihr Spinnvermögen im männlichen Geschlecht zur Anfertigung des Gewebes zur Aufnahme des Samens bei der Füllung der Begattungsorgane (S. 29), im weiblichen zur Umhüllung der Eier mit einer Lage von Fäden, die sehr locker gesponnen sein können, in anderen Fällen aber eine einfache, doppelte und selbst mehrfache seidige Hülle oft von sehr merkwürdiger Form und Farbe bilden. Solche „Kokons" können frei im Netz aufgehängt sein, sie können in der Gestaltung ihrer Oberfläche an die Umgebung so angepaßt sein, daß sie dem menschlichen Auge bei oberflächlicher Betrachtung entgehen, sie können vom Weibchen bewacht und mit dem Körper bedeckt oder auch an ihm befestigt vom Muttertier mit herumgetragen werden,

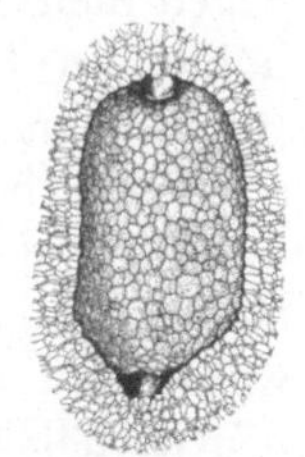

Abb. 39. Cocon des Blutegels, 2 : 1. (Nach Goldschmidt.)

und bei einigen Wolfsspinnen bleiben sogar die ausgeschlüpften Jungen noch auf dem Hinterleibe der Mutter sitzen.

Kokons werden auch von ganz anderen Formen unserer Tierwelt angefertigt, nämlich von den Blutegeln des süßen Wassers; hier sind es bestimmte Hautdrüsen, die während der Ablage der Eier sie mit einer zähen, ovalen Hülle umgeben. Aber auch Regenwürmer und sogar Strudelwürmer hüllen ihre Eier in Kokons ein (Abb. 39).

Wir sahen also, wie aus einem bloßen Instinkt zu geeigneter Unterbringung der Eier an einer bestimmten günstigen Örtlichkeit sich eine ganze Reihe von Handlungen des Muttertieres ableiten lassen kann, wie aus dieser bloßen Unterbringung, nach der die Eier ihrem Schicksal überlassen werden, eine wirkliche Sorge für ihren Schutz und ihre Ernährung werden kann, die in manchen Fällen zu für uns nicht begreiflichen Instinkthandlungen führt.

Der bekannteste Fall von Brutpflege im bisher behandelten Sinne, der der *Vögel,* weist im allgemeinen einfachere Vorgänge auf, als wir sie bei vielen Insekten kennengelernt haben. Beim Strauß ist die Brutpflege einfach, eine Mulde im Sand genügt für die Aufnahme der Eier, so daß also hier die Tätigkeit des Vogels *vor* der Ablage sehr gering ist. Im übrigen ist der Instinkt für den *Nestbau* in den verschiedensten Graden entwickelt. Höhlenbrüter (Eulen, Nachtschwalben) begnügen sich mit einer vorgefundenen Höhle oft so, wie sie ist, ohne sie besonders auszustatten. Spechte dagegen meißeln mit kräftigen Schnabelhieben künstliche Bruthöhlen in Baumstämme. Wie kunstvoll z. B. das Nest des Buchfinken, der Haus- und Rauchschwalbe angelegt sind, ist allgemein bekannt. Jeder hat gesehen, wie Federn, Wolle usw. von den bauenden Eltern (nicht nur vom Weibchen) herbeigetragen werden, um die Wiege der künftigen Brut weich und warm zu gestalten. Die tropischen Webervögel bauen vielleicht die kunstvollsten Vogelnester, die ein in der Form bei den verschiedenen Arten sehr verschieden angelegtes Gewebe aus pflanzlichen Stoffen darstellen. Bei einer Art, dem Siedelweber, vereinigt sich eine große Anzahl von Vögeln der Art zur Anfertigung eines gemeinsamen Nestes, das schließlich zu einem großen Schirme wird, an dessen Rande die Eingänge zu den einzelnen Nestern liegen, in deren jedem eine Mutter brütet.

Während unsere Schwalben ihr Nest aus Schlamm, Straßenkot und allerhand Abfällen bauen, die sie mit Speichel zu einer mörtelartigen Masse zusammenkneten und dann im Innern des Nestes mit Federn, Halmen, Haaren usw. weich austapezieren, sehen wir bei den oft mit ihnen verwechselten Mauerseglern eine andere Verwendung des Produktes der Speicheldrüsen. Da dieser Vogel eigentlich nur fliegend sich bewegen kann und sonst nur zu ungeschicktem Klettern und Hängen an Felsen und Hauswänden fähig ist, so muß er sich das Material für den Nestbau im Fluge fangen, ebenso wie seine Beute, die aus fliegenden Insekten besteht. So findet man als Baustoffe von Seglernestern Flanellappen, Federn, Haare, Pflanzenteile und alles mögliche andere, was in der Nähe menschlicher Niederlassungen in der Luft treibt, verwendet. All diese Stoffe sind nun mit Hilfe eines sehr zähen und erhärtenden Schleimes zusammengeleimt, der aus den zur Brutzeit stark anschwellenden Speicheldrüsen des Vogels stammt. Es wird berichtet, daß Mauersegler imstande sind, ein ganzes Sperlingsnest mit der darin wohnenden lebenden Brut so vollständig mit diesem klebrigen Schleim zu überziehen, daß diese erstickt und nun die Segler ihr eigenes Nest darüber anlegen können. Viel weiter geht diese Umwandlung der Speicheldrüsen bei der ostasiatischen Verwandten des Mauerseglers, der *Salangane*, deren Nester ohne andere Beimischung nur noch aus dem Schleim der Speicheldrüsen hergestellt werden und als Delikatesse gelten, zunächst bei den Asiaten, aber auch bei manchen Europäern.

Daß manche Nester zu ihrer Anfertigung eine starke Kraftanstrengung des Vogelpaares bedürfen, lehren uns die tiefen Nisthöhlen von Eisvogel und Uferschwalbe, die wir an unseren Flußufern in Lehmwänden sehen können.

Mit der Unterbringung der Eier im Nest ist aber nur in den wenigsten Fällen ihre Pflege beendet; es folgt bei den allermeisten Vögeln das *Brüten*.

Daß es sich manche Vögel mit dieser Tätigkeit — sogar unter völliger Ersparung des Nestbaues — leicht machen können, lehrt das Verhalten des Kuckucks, der seine Eier in die Nester von Singvögeln legt und den kleinen Sängern das Ausbrüten und die Fütterung des für sie viel zu großen und zu gefräßigen unwillkommenen Gastes überläßt.

In den Tropen gibt es Vögel, die zu den Hühnervögeln gehören und die wegen ihrer eigenartigen Brutgewohnheiten *Wallnister* genannt werden. Sie errichten einen hohen Wall oder Haufen aus toten Blättern und dergleichen verwesenden Pflanzenstoffen, in den sie die Eier hineinlegen. Das Ausbrüten überlassen sie dann der sich in den faulenden Massen entwickelnden Wärme. Ja, von einer Art, die auf den Sundainseln lebt, wird berichtet, daß sie die Wärme vulkanischen Gesteins in der Nähe von Kratern benutzt, um den Eiern ohne eigenes Zutun die zur Entwicklung nötige Wärme zuzuführen. Die übrigen Vögel verwenden die Wärme ihres eigenen Körpers zu dem gleichen Zweck, und sie entwickeln zur Brutzeit an der Bauchfläche in kahlgerupften, stark mit Blutgefäßen versehenen Hautstellen eine besonders hohe Temperatur. Gerade dieser „Brutfleck" kommt nun bei dem Brüten auf die Eier zu liegen und läßt ihnen die Körperwärme des brütenden Vogels zugute kommen.

Gleich hier sei auf den Unterschied hingewiesen, der in der Behandlung der aus den Eiern geschlüpften Jungen der Vögel besteht. Wir alle wissen, wie junge Hühner, Enten, Gänse gleich nach dem Verlassen der Eischale imstande sind, der Mutter zu folgen und sich ihre Nahrung zu suchen, wie aber eine Schwalben- oder Finkenmutter ihre hilflose Brut füttern und reinigen muß, bis sie „flügge" wird. Wir sind gewohnt, Nestflüchter und Nesthocker zu unterscheiden. Zu erwähnen ist hier, daß, entgegen einer Vermutung, die vielleicht manchem naheliegend erscheinen mag, in dem Nesthockertum, also in der verlängerten Fürsorge für die Brut, der fortgeschrittenere Zustand zu suchen ist.

Nur selten finden wir bei *Säugetieren* hochentwickelten Nestbau. Von einheimischen Säugern ist es wohl nur die *Zwergmaus*, die ein Nest für die Jungen baut, das an Vollendung mit einem Vogelnest wetteifern kann. Sonst werden im allgemeinen natürliche Schlupfwinkel benutzt, die zuweilen, wie beim Kaninchen, mit Haaren der Mutter ausgepolstert werden. Viele Säugetiere begnügen sich aber — wie manche Vögel — mit der allereinfachsten Unterkunft für ihre Jungen, wie z. B. unsere großen Wildtiere, die Hirscharten, mit irgendeiner geschützten Stelle im Walde. Es kommt bei den Säugern häufig nicht so sehr bei der Pflege der Nachkommen auf den Ort ihrer Geburt an wie auf die nachherige Aufzucht, die an das Muttertier starke Anforderungen stellt und die die Ernährung der jungen Tiere zum Zweck hat. Allerdings kann auch rein räumlich der Körper des Muttertieres den Jungen Schutz und Aufenthalt gewähren, wie es bei der Äneasratte, einem Beuteltier Amerikas, der Fall ist. Dies Tier besitzt einen Greif- oder Wickelschwanz, und die auch schon damit ausgerüsteten Jungen klammern sich mit ihm, während sie auf dem Rücken der Mutter sitzen, an deren Schwanz fest.

Im übrigen bietet gerade die Brutpflege der Säuger nach der Geburt der Jungen, also die äußere Brutpflege, ein schönes Beispiel für eine weitere Art der Fürsorge für die Nachkommenschaft, die im nächsten Abschnitt besprochen werden soll, und die uns in anderer Form auch in anderen Zweigen des Tierreiches wieder begegnen wird.

Brutpflege in Körperräumen außerhalb der Geschlechtsorgane und verwandte Erscheinungen.

Wenn ein Säugetier den Mutterleib oder wenn es selbst, im Falle der Schnabeltiere, die Eischale verlassen hat, so kann es sich noch nicht aus eigener Kraft ernähren, sondern es ist auf die Ernährung durch Hautdrüsen der Mutter angewiesen, die ganz allgemein als *Milchdrüsen* bezeichnet werden. Sie sind bei den Schnabeltieren einfacher gestaltet als bei Beutlern und höheren Säugetieren und bestehen in allen Fällen in umgeformten Hautdrüsen, deren Drüsenkörper vergrößert und deren Absonderungsprodukt, die *Milch*, von den gewöhnlichen Hautabsonderungen, Talg und Schweiß, in seiner Zusammensetzung und im Flüssigkeitszustand abweicht. Insbesondere ist die Milch fett-, eiweiß- und zuckerhaltig und enthält so alles, was der jugendliche Organismus an Nahrungsstoffen braucht, in trinkbarer Form und in großer Vollständigkeit.

Allerdings ist die Milch der *Schnabeltiere* flüssiger als die der lebendgebärenden Säuger, und sie wird auch von den Jungen nur von bestimmten Haarbüscheln in der Umgegend der Drüsenöffnungen aufgeleckt. Aber sie ist doch der der höheren Formen vergleichbar.

Besonderer Besprechung bedarf der Milchdrüsenapparat der weiblichen *Beuteltiere*. Er ist fast stets in dem Organ enthalten, dem diese Tiere ihren Namen verdanken und das sich bei dem Landschnabeltier schon in ähnlicher Form findet. Wer in einem zoologischen Garten eine Känguruhfamilie beobachtet hat, wird öfters gesehen haben, wie ein junges Tier den Kopf aus einem queren Schlitz am Bauche der Mutter hervorstreckt, auch wohl, wie ein schon herumlaufendes oder springendes Junges plötzlich den Aufenthalt im Freien mit dem im Beutel der Mutter wieder vertauscht und mit einem geschickten Sprung hineinsteigt. So macht der Beutel des weiblichen Känguruhs zunächst den Eindruck, als ob er nur ein Organ zum Schutze und der räumlichen Beherbergung des (in diesem Falle einzigen) Jungen sei. In Wirklichkeit ist die Aufgabe, die er zu erfüllen hat, aber viel umfangreicher. Im Inneren des Beutels, der eine kopfwärts geöffnete Hautfalte am Bauch des Weibchens darstellt, an der eigentlichen, von dieser Falte überwölbten Bauchwand, sitzen vier warzenförmige Milchdrüsen, von denen aber, da nur ein Junges bei jedem Geburtsvorgang erscheint, zeitweise immer nur eine in Tätigkeit tritt. Um diese Tätigkeit zu verstehen, müssen wir die Vorgänge nach der Geburt noch etwas genauer betrachten.

Das Junge des Riesenkänguruhs wird, wie bei der Besprechung der *inneren* Brutpflege der Säugetiere schon erörtert war (S. 103), außerordentlich klein geboren, in einem Zustand, der dem der Jungen höherer Säugetiere in frühen Trächtigkeitszeiten entspricht. Demgemäß ist dies Neugeborene gänzlich hilflos und nicht einmal imstande, den Weg zur ernährenden Zitze der Mutter selbst zu finden. Diese ergreift vielmehr das Kleine mit Lippen und Vorderpfoten und legt es im Beutel, in den sie es eingebracht hat, an eine der 4 Zitzen an, die dann sofort vom Mund des Jungen umfaßt wird. Dieser Mund ist aber noch nicht fähig, selbständig Saugbewegungen zu machen, und so muß dafür gesorgt sein, daß ihm die Milch in die Speiseröhre und den Magen gespritzt wird. Der Mund ist auf dieser Entwicklungsstufe kreisrund, besitzt also noch keine Lippen. Die ausgewählte Zitze schwillt auf ein Vielfaches ihrer Länge und Dicke an und wächst bis in den Schlund des Jungen hinein, während dessen runder Saugmund sich fest um ihre Wurzel schließt. Durch einen besonderen, die Milchdrüse umgebenden Muskel wird nun die Milch dem Säugling in den Magen gepumpt, und dafür, daß die Atmung ungestört verlaufen kann, sorgt ein besonderer Bau des Kehlkopfes, der stark verlängert in das Naseninnere hineinragt und von dem Milchstrom beiderseits umflossen wird. Wenn das Junge wächst und allmählich bewegungsfähig wird, verändert sich der Bau seiner Lippen, die dann die bei Säugetieren übliche Spaltform annehmen, und dann ist es zu selbständigen Saugbewegungen fähig, wie wir sie von den Neugeborenen unserer Säugetiere kennen, und es kommt die Zeit, in der die Ereignisse eintreten können, von denen wir ausgegangen sind, daß das Junge aus dem Beutel heraussehen und ihn zeitweise verlassen kann.

Nicht alle Beutler sind, wie das Känguruh, eingebärend, viele Arten haben zum Teil sehr zahlreiche Junge, und in solchen Fällen bleiben auch keine Zitzen im Beutel unausgenutzt, sondern sie werden alle besetzt, wenn die entsprechende Zahl von Jungen da ist. Die Zitzen können auch außerdem bei den Beuteltieren in anderer Weise angeordnet sein als bei den höheren Säugern; sie können kreisförmig, in Doppelreihen, selbst in ungerader Zahl, auftreten. Ferner ist die Ausbildung des Beutels großen Schwankungen unterworfen. Er kann ganz fehlen, durch Hautfalten nur angedeutet sein, die die ganze Zitzenanlage oder immer nur jede einzelne Zitze umfassen, er kann eine kreisförmige Mulde darstellen, nach vorn oder nach hinten geöffnet sein usw. Immer aber ist er im engsten Anschluß an die Ausbildung der Milchdrüsen entstanden.

Bei den höheren Säugern schwanken Zahl und Anordnung der stets paarigen Zitzen. Am verbreitetsten und am ursprünglichsten ist die lange „Milchlinie", wie wir sie bei Schweinen, Raubtieren, Kaninchen usw. antreffen. Durch Rückbildung einzelner Zitzenpaare entstehen die brustständigen Zitzen, die wir bei Mensch, Seekuh und Elefant sehen, und auch die weichenständigen „Euter" der Huftiere mit 2 (Schaf, Pferd) oder 4 Zitzen (Rind). Sehr weit nach hinten gerückt sind die Zitzen bei den Walen und dem Meerschweinchen, einige Insektenfresser haben Brust- und Weichenzitzen. Sehr hohe Zitzenzahlen besitzen z. B. das Schwein und der Borstenigel von Madagaskar, jenes mit 6, dieser mit 11 Paaren.

Allgemein treten die Milchdrüsen nur dann in den Zustand der Leistungsfähigkeit, wenn Junge zu ernähren sind. Außerhalb dieser Zeiten, also vor allem auch während der Tragzeiten, verkleinert sich der Umfang der Drüsen sehr bedeutend, und ihr eigentlicher Körper ist nur unbedeutend ausgebildet, um jedesmal gegen das Ende der Tragzeit wieder zu schwellen und in den Tätigkeitszustand zu treten. Somit ist es etwas nicht eigentlich Normales, wenn der Mensch die Kühe veranlaßt hat, über die übliche Zeit hinaus Milch zu geben, und wenn, durch den Reiz des Melkens, das Euter eine Größe und Ergiebigkeit erlangt, die sich bei frei lebenden Tieren niemals finden. Vergleicht man das Euter einer Wildkuh, z. B. einer Büffel- oder Wisentkuh, wie sie in allen zoologischen Gärten zu finden sind, mit dem einer zahmen Kuh, so wird der Unterschied in die Augen fallen.

Die Dauer der Säugezeit ist für verschiedene Säugetiere verschieden. Bei manchen Nagetieren (Mäusen, Meerschweinchen, Kaninchen) kann eine säugende Mutter schon wieder trächtig sein; im allgemeinen aber ist es so, daß die Jungen dann von der Mutter nicht mehr gesäugt werden (man spricht von einem „Abschlagen" der Kälber bei den Hirschen), wenn im Eierstock neue Eizellen zur Reife drängen und somit eine neue Trächtigkeit eingeleitet werden soll.

So zeigen uns die Säugetiere in ihren niederen Vertretern eine Ernährung der Jungen mit einem Produkt des Mutterkörpers im Verein mit ihrer Unterbringung in einem Raum, der von ihm geliefert wird, aber nicht eigentlich in seinem Innern liegt wie der Gebärmutterraum. Wir können daher auch den Aufenthalt der Jungen im Beutel nicht zu den Vorgängen der inneren Brutpflege rechnen, zumal wir ihn auf den verschiedensten Entwicklungsstufen von einem Hautfaltenpaar her kennen. In der Heranziehung des weiblichen Körpers zur Betreuung der Jungen gehen die Säugetiere besonders weit, und wir werden bei einer Vergleichung mit anderen Tierformen kaum entsprechende Leistungen antreffen.

Vergleichen wir die Vögel mit den Säugern, so liegt auf
der Hand, daß nur in ganz wenigen Fällen eine Ernährung
der Jungen durch die Alten mit Erzeugnissen ihres Körpers
in Betracht kommt. Es sei an das Füttern der Taubenjungen
aus dem Kropf der Eltern erinnert, der zu dieser Zeit eine
milchige Nährflüssigkeit absondert. Auch wird nur sehr
selten der Körper in irgendwelcher Form zur Unterbringung
der Brut verwendet. Höchstens ist hier an das bekannte
Bergen der Jungen unter den Flügeln zu erinnern, das wir
bei jeder Glucke sehen können, und an das Tragen des Eies
zwischen den Beinen bei den Pinguinen.

Unter den *Kriechtieren* ist die Brutpflege wenig entwickelt;
einige höchst merkwürdige Fälle finden wir aber unter den
Froschlurchen, und zwar in einer Gruppe, die bei uns zu-
lande nur durch den als Wetterpropheten und auch sonst
allgemein bekannten Laubfrosch vertreten ist. Während unsere
einheimische Art in der gewöhnlichen Weise ihrer Verwandten zum Laichgeschäft ins Wasser geht und im Ablauf
dieses Vorganges keine Besonderheiten zeigt, treffen wir bei
einigen seiner tropischen Verwandten, die noch viel mehr an
das Landleben angepaßt sind, die seltsamsten Abwandlungen
des Laichvorganges, zum Teil verbunden mit merkwürdigen
Formen der Brutpflege in Räumen des Körpers außerhalb
der Geschlechtsorgane.

In einer Reihe von Fällen sind es die Weibchen, auf oder
in deren Körper die Eier eine Pflegestätte finden, und es
ist besonders interessant, wie wir alle Übergänge von einer
rein oberflächlichen Unterbringung *auf* der Rückenhaut bis
zu ihrem Einsinken und Umhülltwerden von Taschen oder
sonstigen Vertiefungen der Haut feststellen können. Einige
Beispiele mögen das zeigen; bei manchen Laubfroscharten
trägt das Weibchen die Eier als Scheibe auf der Rückenhaut
herum; bei anderen umwächst eine kreisförmige Falte diese
Scheibe, bei einer anderen Gattung schließen sich zwei derartige Falten zu einer bis auf einen Schlitz vollkommen ge-
schlossenen Tasche zusammen, in der die Eier entweder
— bei geringem Dottervorrat — sich bis zur Kaulquappe entwickeln, die dann in das Wasser entlassen wird, oder es wird,

bei starkem Dottergehalt der Eier, die gesamte Entwicklung bis
zur Erwerbung der Froschgestalt in der Tasche durchgemacht,
und die kleinen Frösche verlassen sie in wohlentwickeltem
Zustand (Abb. 39). Besonders entwickelt ist die Brutpflege
auf dem Rücken des Weibchens bei der *Wabenkröte* oder
Pipa, die in Surinam in Südamerika lebt. Bei allen bisher
besprochenen Formen müssen natürlich die Eier vom Männchen wie bei anderen Fröschen während des Legeaktes befruchtet werden, und diese Befruchtung muß vor der Um-
wachsung der Eier durch die Hautfalten der späteren Rücken-
tasche stattfinden. Bei der Wabenkröte ist der Vorgang

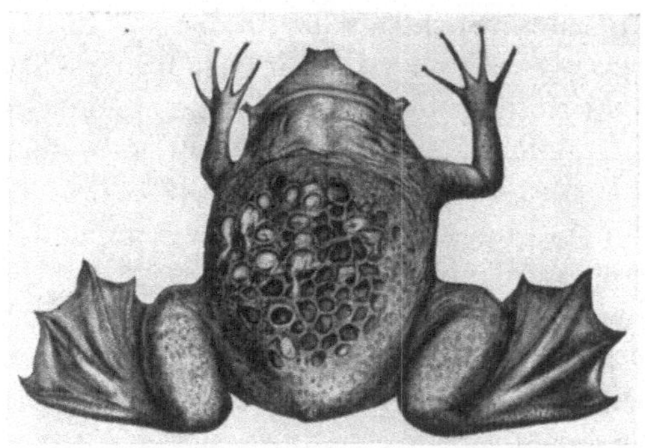

Abb. 40 a.   Rückenträchtiges Weibchen der Wabenkröte.

der Eiablage und Befruchtung einmal in London beobachtet
worden, und er bietet viel des Besonderen. Das Weibchen,
das vom Männchen umklammert ist, stülpt seinen Eileiter
als ein mehrere Zentimeter langes blasiges Gebilde ein
beträchtliches Stück weit aus der Kloake hervor und legt
diese Blase nach vorn über den Rücken. Während nun das
Männchen durch Druck auf das Eileiterende mithilft, wird
ein Ei nach dem anderen vom Weibchen auf immer neue
Stellen der Rückenhaut gelegt und vom Männchen befruchtet.
Dann wird nach der Trennung des Paares jedes einzelne Ei
von einer kleinen Tasche der Haut überwachsen, so, daß es
zunächst in eine kreisförmige Vertiefung einsinkt und von
deren Rande völlig überdeckt und eingeschlossen wird. Wenn

dann die Haut in dem kleinen Kreise über dem Ei noch zu
einem harten, fast hornigen Deckel geworden ist, ist für
jedes Ei die *Wabe* gebildet, die dem Tier den deutschen
Namen gegeben hat. Auch hier wird die Entwicklung bis
zur völligen Ausgestaltung der Froschgestalt in der Waben-
zelle zurückgelegt, und es besteht sogar eine so starke Blut-
versorgung der Wabenwände, daß neben dem reichlich vorhandenen Dotter höchstwahrscheinlich auch die mütterlichen
Blutgefäße bei der Ernährung und der Sauerstoffversorgung
des Keimes mitwirken werden (Abb. 40).

Dies ist wohl der höchste Grad der Entwicklung weiblicher
Brutpflege, den wir bei Froschlurchen antreffen. Zu erwähnen sind aber noch zwei Fälle, in
denen nicht das Weibchen, sondern
das Männchen sich der Sorge um die
Nachkommen, allerdings in recht verschiedenen Formen, annimmt.

Der eine dieser Fälle kommt in
unserer einheimischen Tierwelt vor,
allerdings bei einer nur stellenweise
verbreiteten Art, die wegen der unter
den einheimischen Formen einzig da-

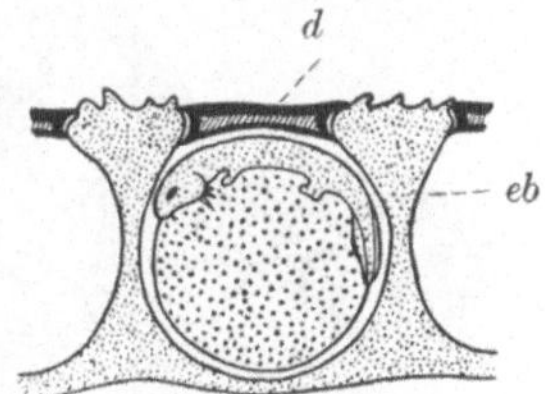

Abb. 40 b. Einzelne Wabe,
eb Frucht, *d* Deckel. (Nach
D o f l e i n und W y m a n.)

stehenden Art der Brutpflege den Namen der *Geburtshelferkröte* erhalten hat. Die „Geburtshilfe" wird vom Männchen geleistet, das unmittelbar nach der hier ausnahmsweise
auf dem Lande vor sich gehenden Befruchtung der zwischen
die Hinterbeine des Weibchens abgelegten Eier sie ergreift
und, da sie wie bei anderen Krötenarten schnurartig durch
Schleim verbunden sind, sich selbst um die Hinterbeine
wickelt. Diese freiwillig übernommene Last trägt es eine
Weile mit sich herum, bis die Kaulquappen in den Eiern
zum Ausschlüpfen reif sind. Dann geht das Männchen in
das Wasser und entläßt daselbst „seine" Brut (Abb. 41).

Unter den tropischen Laubfröschen, die uns schon so viele
Beispiele interessanter Brutpflege geliefert haben, finden sich
auch solche, bei denen das Männchen Brutpflege übt, zum
Teil wieder durch Tragen der Eier, in einem Fall selbst der
Kaulquappen, auf seinem Rücken, also in einer ähnlichen

Form, wie wir früher die Weibchen anderer Arten für ihre Brut sorgen sahen. Den eigentümlichsten Ort aber, den ein männlicher Frosch als Aufenthalt für die Jungen zur Verfügung stellen kann, verwendet das Männchen des chilenischen Nasenfrosches (Rhinoderma Darwini) (Abb. 42). Wenn ein männlicher Frosch quakt, so zeigt sich bei ihm eine körperliche Veränderung, die sich in dem Hervortreten von einer oder zwei *Schalblasen* äußert. Während unser Wasserfrosch beiderseits hinter dem Kopf seine weißen kugeligen Blasen, die weithin über die Wasserlache leuchten, bei seinem Quakkonzert entfaltet, zeigt der schreiende männliche Laubfrosch einen schwärzlichen, sehr geräumigen unpaaren Kehlsack. Auch der männliche Nasenfrosch besitzt einen solchen Kehlsack, aber er benutzt ihn zu dem recht fremdartigen Zweck, nach der Paarung die befruchteten Eier in ihn aufzunehmen und bis zum Ausschlüpfen der jungen Frösche aufzubewahren, so daß auch hier die ganze Entwicklung im Brutraum durchlaufen wird. Der Kehlsack ist außerhalb der Fortpflanzungszeit unscheinbar, wird aber natürlich durch die Bürde, die er dann beherbergen muß, ungebührlich ausgedehnt, so daß er nicht nur die gesamte Bauchfläche einnimmt, sondern sich auch bis auf die Seiten des Rückens erstreckt. Wie beim Wasserfrosch ist die Anlage des Kehlsackes der Laubfroschmännchen ursprünglich paarig, und wenn er auch zu einem einheitlichen Raum verschmilzt, so behält er doch zwei Öffnungen zur Rachenhöhle. Wahrscheinlich nimmt der Frosch die befruchteten Eier in die Mundhöhle auf und preßt sie dann in die beiden Öffnungen des Sackes hinein. Nach der Entlassung der Jungen aus ihrem

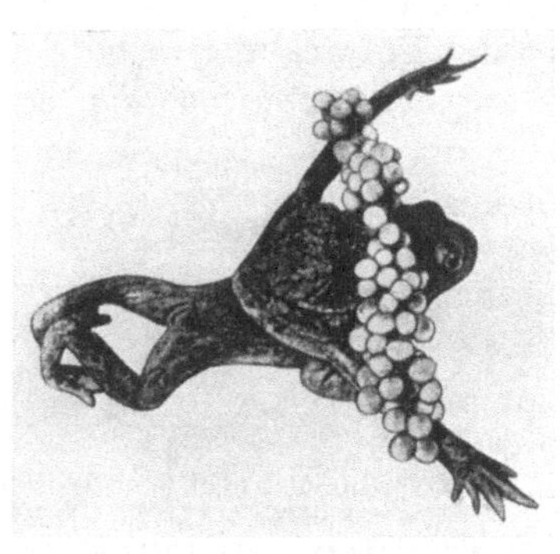

Abb. 41. Paar der Geburtshelferkröte, dessen Männchen sich die Eier aufstreift. (Nach B o u l e n g e r.)

seltsamen Brutraum soll der aufopfernde Vater gänzlich erschöpft und abgemagert sein, was nicht verwunderlich ist.

Unter den niederen Wirbeltieren finden wir noch einige Fischarten, die in ihrer Art der Aufbewahrung der Eier an die Lurche erinnern, und zwar sind es auch hier teils die Weibchen, teils aber die Männchen, die sich der Brut annehmen. Bekannt ist bei Stichlingen und Makropoden die Tatsache, daß der Nestbau vom Männchen besorgt wird. Uns interessiert hier, daß bei manchen Stichlingen die Männchen allerlei Baustoffe mit Hilfe einer schleimigen Nierenabsonderung, die Makropodenmännchen ihr Schaumnest durch einen zähen Schleim der Munddrüsen zusammenfügen. So sind hier also schon körperliche Veränderungen am Männchen zur Brutzeit zu sehen. Weiter geht die Umwandlung eines Süßwasserfisches aus Neuguinea, der im männlichen Geschlecht am Kopf einen hakenförmigen Fortsatz entwickelt, an dem eine Eierschnur befestigt und bis zum Auskriechen der Jungen herumgetragen wird. Diese Fälle können als leise Andeutung von Möglichkeiten angesehen werden, die wir bei anderen Fischen verwirklicht sehen und die, obwohl mit Sicherheit auf ganz anderen Ursprung zurückzuführen, doch große und überraschende Ähnlichkeiten mit den Vorgängen der Brutpflege bieten, die wir bei verschiedenen Froschlurchen kennenlernten. Auch hier finden wir sowohl Männchen wie Weibchen als Träger der Brutpflege; wir sehen Fälle, in denen vorher schon bestehende Höhlen des Körpers -- auch hier spielt die Mundhöhle eine Rolle — als Aufent-

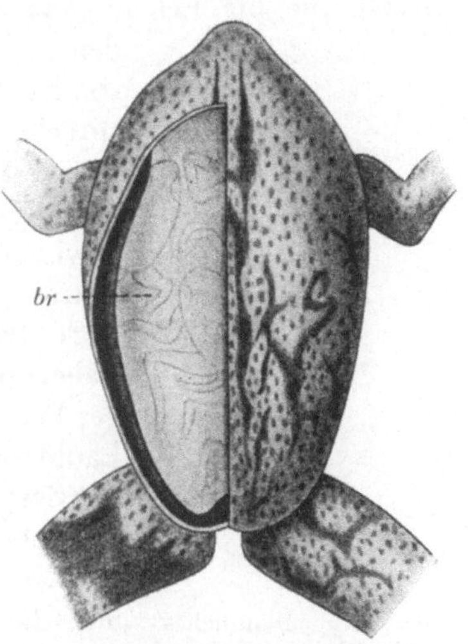

Abb. 42. Männchen des Nasenfrosches (Rhinoderma) mit Brut im Kehlsack, der rechts geöffnet (*br*) ist. Im Innern die Jungen sichtbar. (Nach Howes.)

haltsraum für die Keime verwendet werden; in anderen werden wiederum solche Hohlräume von der Körperoberfläche aus, und zwar in recht verschiedenartiger Weise gebildet. Die Natur verwendet eben in ganz verschiedenen Stämmen des Tierreiches oft zur Erreichung gleicher Zwecke sehr ähnliche Mittel, und unter sehr verschiedenen äußeren Umständen erfüllen sie ihren Zweck. Waren es ausschließlich solche Froschlurche, die ihr Leben ganz auf dem Lande zubringen, bei denen wir die höchstentwickelten Fälle von Brutpflege sahen, so sind die zu besprechenden Fischarten natürlich ebenso ausschließlich Wassertiere und also unter ganz anderen Außenbedingungen gewissermaßen auf die gleichen Verfahren gekommen.

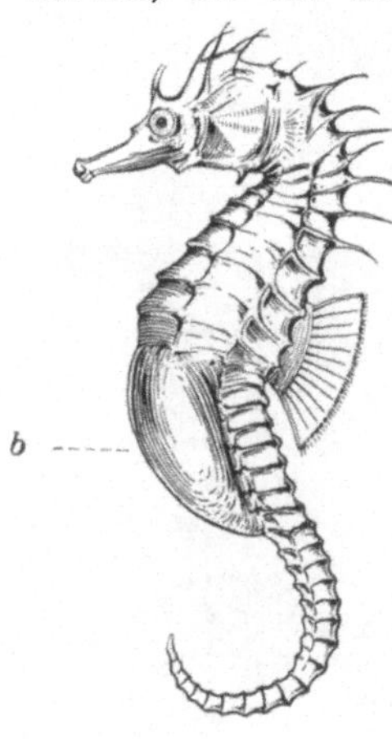

Abb. 43. Männliches Seepferdchen mit Bruttasche *b* am Bauch. (Nach Goldschmidt.)

So treffen wir Brutpflege in Hautwaben und Hautsäcken, wie wir sie bei der Wabenkröte und den rückenbrütigen Laubfröschen kennenlernten, wieder bei den Seepferdchen und ihren Verwandten, den Seenadeln, die in Seewasseraquarien häufig zu sehen sind. Bei ihnen sind es nur die Männchen, die die frisch gelegten Eier vom Weibchen im einfachsten Fall auf die Bauchhaut hinter der Afteröffnung übertragen bekommen. Bei einigen Seenadeln entwickeln sich dann Waben der Haut, deren jede ein Ei aufnimmt und durch Wucherung der Haut eine beträchtliche Tiefe gewinnen kann. Meist werden diese Waben von Hautfalten von beiden Seiten her überwachsen, so daß in der Mitte eine Längsnaht bleibt. Bei den Seepferdchen schließt sich diese Tasche bis auf eine hinten gelegene enge Öffnung und bleibt nach der ersten „Trächtigkeit" des Männchens zeitlebens bestehen, während sie bei den Seenadelmännchen zu jeder Laichzeit neu entsteht (Abb. 43).

Wie bei einem Geburtsvorgang werden die wohlentwickelten kleinen Fische aus der Bruttasche entlassen und schwärmen aus.

Eine Art gestielter Waben entwickeln die Weibchen einiger

anderer Fische, so daß die Eier z. B. bei einer südamerikanischen Welsart auf dem Bauch des Muttertieres von erst schüsselförmigen, dann stecknadelförmig werdenden Hautauswüchsen umschlossen und emporgehoben werden, von denen jeder im Knopf der Nadel einen kleinen Brutraum enthält. Bei einem anderen Fisch werden ähnliche Brutstiele der Bauchhaut wieder von einer ausgedehnten Tasche umschlossen, die von den Bauchflossen beider Seiten unter Bildung einer Mittelnaht geliefert wird. Aber selbst der seltsame Fall der Brutpflege in Räumen, die von der Mundöffnung aus zugänglich sind, findet sein Gegenstück bei Fischen. In sehr vielen Familien treffen wir die sogenannte Maulbrütigkeit an, d. h. entweder die Männchen oder die Weibchen nehmen die Eier in ihr sehr geräumiges Maul und beherbergen sie dort bis zum Ausschlüpfen der Jungen.

Gehen wir tiefer herab im Tierreich, so finden wir unter Gliederfüßlern häufig Beispiele dafür, daß außerhalb der Geschlechtswege gelegene Hohlräume des Körpers als Aufenthalt der Jungen benutzt werden entweder in unveränderter oder aber in stark umgebildeter Form. Einige Beispiele sollen das zeigen.

Unter den *Insekten,* die sonst für so viele Kapitel unserer Darstellung eine Fülle von Beispielen lieferten, finden sich diesmal nur wenige und nicht besonders eindrucksvolle. Dagegen bieten die kleinen Krebsformen unserer süßen Gewässer mehrere sehr lehrreiche Fälle der Art von Brutpflege, die wir von verschiedenen Wirbeltieren kennenlernten.

Es sind einmal die *Spaltfüßler,* die auch als Einaugen (Zyklopiden) bezeichnet werden und die in jedem Süßwasseraquarium, oft ohne Willen seines Besitzers, auftreten, an denen wir bei den weiblichen Tieren sehr häufig die Eimassen in Form paariger Anhängsel beiderseits des Schwanzes sehen können. Sie werden von je einer zarten Tasche, einer Ausstülpung der äußeren Haut, überzogen und bei der Ablage in diesen Sack hineingepreßt, in dem sie bis zum Ausschlüpfen der kleinen Larven verbleiben.

Bekannter sind die *Wasserflöhe* oder Daphnien, die als Fischfutter in Mengen auf den Markt gebracht werden, und

die gleichfalls in Tümpeln und Teichen sehr häufig sind und
somit oft in das Wasser von Aquarien mit hineingeraten. Bei
ihnen werden die Eier gleichfalls in einem Raum des weiblichen Körpers nicht nur aufbewahrt, sondern auch schon
befruchtet. Es werden nämlich die unbefruchteten Eier vom
Weibchen selbst in diesen Raum hineingelegt, der über dem
Rücken des eigentlichen Körpers zwischen den Schalenklap-
pen liegt, von ihnen mit eingeschlossen und somit von der
Geschlechtsöffnung aus für die Eier erreichbar ist. In diesen
Raum führt das Männchen bei der Paarung seinen Hinterleib ein und setzt auffallend wenige und sehr große, nicht
geschwänzte, sondern runde Samenzellen ab, nachdem das
Weibchen vorher die Eier schon in diesen Raum gebracht
hatte, der nunmehr als Brutraum dient. Bei den Weibchen,
die die Aufgabe haben, Eier zu legen, die den Winter
überdauern und im kommenden Frühling eine neue Generation liefern sollen — an anderer Stelle wird auf den
Lebenskreis der Wasserflöhe noch zurückzukommen sein —,
kapselt sich dieser Brutraum gegen den übrigen Körper
und auch gegen die Schalen völlig ab und löst sich nach dem
Tode des Tieres mit seinem Inhalt ab, so daß er als „Sattel"
(Ephippium) zu Boden sinkt und die Eier bis zum Frühjahr aufbewahrt. Dann schlüpfen die kleinen Larven aus,
und zahlreiche Sommergenerationen ohne Sattelbildung folgen bis zum Herbst aufeinander.

Auch die gemeine Wasserassel unserer Teiche besitzt einen
Brutsack, der von der Haut, diesmal des Bauches, gebildet
wird. Erwähnt seien hier aus der Weichtierwelt unserer süßen
Gewässer noch einige Muscheln, die ihre Jungen im Atmungs-
raum in besonders umgestalteten Brutkiemen großziehen. Bei
Stachelhäutern des Meeres, Seeigeln, Seewalzen und See-
sternen treffen wir gleichfalls nicht selten Braträume an, die
im einfachsten Falle bei manchen Seesternen einfach durch
Zusammenlegen der Arme gebildet werden, bei anderen
Formen aber aus Hautfalten gebildet sind, und auch bei den
Hohltieren, den Polypen und Quallen, kommt Brutpflege in
Hohlräumen des Körpers vor.

So sehen wir, daß die Natur in der denkbar mannigfaltigsten Weise ihre tierischen Geschöpfe mit Trieben und Organen ausgestattet hat, die dazu dienen, der Brut Schutz und Nahrung zu gewähren, und die Handlungen, die von den Tieren ausgeführt werden müssen, machen zunächst den Eindruck planmäßiger Verrichtungen. Aber es ist dazu zu bedenken, daß einmal alle Tiere einer Art ganz gleichmäßig und ohne willkürliche Abwandlung durch das Einzelwesen dieselben Handlungen vornehmen, und zweitens, daß sie in der Mehrzahl der Fälle keine Gelegenheit haben, das, was sie tun müssen, zu „lernen", sondern daß ihnen von vornherein die Fähigkeiten vererbt worden sind, die oft sehr umständlichen und verwickelten Brutpflegetätigkeiten auszuführen, so daß der Eindruck der vernunftgemäßen und überlegten Handlung zwar vom Beschauer gewonnen werden, aber bei genauerer Betrachtung und bei einer Vergleichung mit menschlichen, wirklich aus Überlegung entsprossenen Handlungen nicht aufrechterhalten werden kann. Wenn auch der Mensch in seinen körperlichen Verrichtungen ursprünglich zweifellos den gleichen Gesetzen gehorcht wie das Tier, so besteht zwischen beiden doch der große Unterschied, daß der *einzelne* Mensch sich aus der Menge seiner Artgenossen durch Handlungen abzuheben imstande ist, deren das Tier nicht fähig ist. Um so mehr ist es zu bewundern, wie alle tierischen Verrichtungen, die sich auf die Erhaltung der Art beziehen, im Erbbestande der Art so unabänderlich festgelegt sind, daß eben in dieser Starrheit der Handlung die beste Sicherung der Nachkommenschaft gegeben ist.

Das Zahlenverhältnis der Geschlechter.

Damit es möglich sei, daß Männchen und Weibchen einer Art so weit zueinander finden können, daß ungefähr alle Eier, die von den Weibchen geliefert werden, auch befruchtet werden können, ist ein gewisses gegenseitiges Häufigkeitsverhältnis der Geschlechter notwendig, soweit nicht Zwittertum besteht. Im allgemeinen finden wir nun innerhalb der Art Männchen und Weibchen ungefähr in der gleichen Anzahl vertreten, und diese Anordnung erscheint auch als sehr

günstig. Nicht verwunderlich wäre es, wenn wir sehr häufig
die Erscheinung einer viel größeren Häufigkeit der Männchen
antreffen würden, da dann die Eier mit sehr großer Sicherheit sämtlich befruchtet werden könnten und es schließlich
auf eine Anzahl von Männchen nicht ankäme, die unverrich-
teter Dinge stürben. Diesen Fall finden wir bei manchen
staatenbildenden Insekten verwirklicht, wie bei der Honigbiene, bei denen im Stock eine Königin lebt, der ein paar
hundert Drohnen zur Verfügung stehen, von denen nur eine
ihren Lebenszweck erfüllt, während die anderen nutzlos zugrunde gehen. So wie wir die Natur mit männlichen Keimzellen verschwenderisch umgehen sahen, um die Befruchtung
der weiblichen, der eigentlichen Trägerinnen der Zukunft
der Art, zu sichern, so werden hier ganze männliche Tiere
verschwendet, damit die Königin mit Sicherheit befähigt
wird, den Weiterbestand des Staates und seiner Tochterstaa-
ten zu gewährleisten.

Sehr häufig wird bei manchen Tierarten ein Geschlecht,
und zwar oft das männliche, viel häufiger angetroffen als
das weibliche, bei anderen Tieren wieder, wie bei vielen
Spinnen, sind die Weibchen viel häufiger als die Männchen,
so daß z. B. für die Kreuzspinne angegeben wird, auf 14
Weibchen komme 1 Männchen. Daß man sich aber hüten
muß, aus solchen oberflächlichen Befunden etwa Schlüsse
auf die Geschlechterverteilung einer Art zu ziehen, geht klar
aus den Ergebnissen der Aufzucht junger Spinnen aus Eiern
hervor. Die Zahl der den Kokon verlassenden Jungen der beiden Geschlechter ist auch bei der Kreuzspinne und ihren Verwandten ungefähr gleich, und die Verschiedenheit in der
Häufigkeit ihres Auftretens erklärt sich aus der ihrer Lebensweise. Die Weibchen verbringen ihr Leben in den Radnetzen,
wie es auch die unreifen Männchen taten; nach der Reife
schweifen sie, Weibchen suchend, herum, und dann begegnen
sie dem Menschen viel seltener, so daß eine scheinbare Min-
derzahl der Männchen leicht vorgetäuscht werden kann, zumal sie kurzlebiger sind als ihre Gattinnen. Bei manchen
Spinnenarten kann man reife Männchen nur wenige Tage
lang, dann aber in ungefähr gleicher Zahl wie die Weibchen

finden. Nachher wird man nur mit Mühe noch einige wenige antreffen. So kann sich für die gleiche Art an zwei nahe beieinander liegenden Tagen ein vollkommen verschiedenes Bild des Zahlenverhältnisses der Geschlechter zuungunsten der Männchen ergeben. Umgekehrt können bei Insekten, deren Männchen fliegend umherschwärmen, die Weibchen nur schwer auffindbar sein, auch da, wo, wie bei den Heuschrekken, die Männchen Geräusche hervorbringen, werden sie öfters dem Menschen auffallen als die stummen Weibchen. Alle solche Fälle beweisen also nichts für die zahlenmäßige Überlegenheit eines Geschlechtes über das andere, und entscheidend sind nur Aufzuchtversuche, die oft langwierig und schwierig sind.

Es gibt nun aber Fälle, in denen in der Tat die Männchen an Zahl weit hinter den Weibchen zurückstehen. So ist es, wie schon in anderem Zusammenhang erwähnt, bei einigen Grillen und Heuschrecken, außerdem bei einigen Gallwespenarten, wie der Rosengallwespe, die die bekannten rotbunten Auswüchse an wilden Rosen durch ihren Stich hervorruft, die unter dem Namen der „Rosenkönige" bekannt sind. Auf ein paar hundert Weibchen werden hier — und auch bei verwandten Arten — nur einige wenige Männchen gerechnet, und es gibt sogar Arten, von denen man gar keine Männchen kennt. Ob sie wirklich ganz fehlen, ist schwer zu sagen, da ja schließlich nur bisher keine gefunden wurden, also die Möglichkeit offen bleibt, daß dies eines Tages nachgeholt werden könnte. Aus verschiedenen Insektenordnungen sind Arten nur im weiblichen Geschlecht bekannt, und selbst wenn man daraus noch keinen Schluß auf völliges Fehlen der Männchen ziehen will, so können diese doch für die Fortpflanzung der Art nur eine sehr unbedeutende Rolle spielen.

Wenn das aber der Fall ist, so muß ebenso sicher die Fortpflanzung im wesentlichen von den Weibchen allein, ohne Zutun des anderen Geschlechts bestritten werden. Das aber führt uns zur Erörterung einer anderen Frage.

Die jungfräuliche Zeugung (Parthenogenese).

Es gibt keine Tiere, die nur im männlichen Geschlecht vorkämen, denn Samenzellen allein sind nicht entwicklungsfähig. Wenn also die Männchen einer Art in Wegfall gekommen sind, so bleiben nur zwei Möglichkeiten; entweder sind die Eier der Weibchen imstande, sich ohne Befruchtung zu entwickeln, und es kommt zur Ausbildung der *Jungfernzeugung* oder *Parthenogenese*. Die zweite Möglichkeit ist die, daß von vornherein andere Fortpflanzungswege eingeschlagen werden, die nicht auf der Vereinigung von Geschlechtszellen beruhen, und die als *ungeschlechtliche Fortpflanzung* zusammengefaßt werden. Nur die Vorgänge der ersten Art sollen uns zunächst beschäftigen.

Wir sahen vorhin, daß eine Tierart — es kommen in erster Linie Insekten in Frage — ihr männliches Geschlecht fast oder ganz verlieren kann. Dann können die Weibchen, wenn die Art nicht aussterben soll, sich nur durch unbefruchtete Eier fortpflanzen. In diesem Falle würde diese Fähigkeit von allen Eiern der Art erworben werden müssen, und es würden sich offenbar aus diesen Eiern immer nur vaterlose Weibchen entwickeln. Es würde sich hier um eine *dauernde* Jungfernzeugung oder doch um die Vorstufen dazu handeln. Diese Fälle sind nicht allzu häufig, und sie werden an Zahl übertroffen von denen, in denen die Männchen nur zeitweilig aus dem Artbild schwinden, so daß befruchtungsbedürftige Weibchen mit solchen abwechseln, die nicht auf Männchen angewiesen sind.

Das bekannteste Beispiel hierfür sind wohl die als Pflanzenschädlinge unbeliebten *Blattläuse*, an denen schon holländische Forscher des 17. Jahrhunderts die Grundtatsachen der Fortpflanzung beobachtet haben.

Aus einem überwinternden Ei der Rosenblattlaus z. B. schlüpft im Frühjahr ein weibliches flügelloses Tier aus, das imstande ist, sich nach der sehr bald erfolgenden Erlangung der Reife ohne männliches Zutun fortzupflanzen, und zwar durch Gebären lebender Junger, die wieder imstande sind, das gleiche zu leisten. Oft kann man den Geburtsvorgang an den Blattlauskolonien unserer Gartenrosen beobachten. Später

erscheinen zwischen den ungeflügelten Tieren Larven mit
Flügelstümpfen, die zu Wesen mit zwei sehr zarten Flügeln
werden und damit die Fähigkeit besitzen, die Art von einem
abgeernteten Rosenstock auf einen anderen zu übertragen.
Bei anderen Arten geht die geflügelte Generation auch auf
eine andere Wirtspflanze über, was eine weitere Erleichterung
der Ernährung der vielen Hunderte von Tieren derselben Art
bedeutet. Alle diese Tiere sind aber gleichfalls unbefruchtete
Weibchen, die sogar nicht einmal befruchtungs*fähig* sind,
weil ihnen die Samentasche (S. 94) mangelt. Das ändert sich
im Herbst, wenn die Nächte kalt und die Nahrungsvorräte
knapper werden. Dann treten bei den Geburten durch die
Weibchen zweierlei junge Tiere auf, die sich zu Weibchen
mit Samentasche und zu Männchen entwickeln, und denen
die Aufgabe zufällt, für die Überwinterung der Art zu sorgen.
Bei der Begattung der Geschlechter wird im weiblichen Körper nur *ein* Ei, das Winterei, befruchtet, und es wird als solches abgelegt und überdauert den Frost des Winters bis zum
Frühjahr, um dann eine neue „Gründerin" der verschiedenen
unbefruchteten Sommergenerationen zu entlassen. Es tut
nichts zur Sache, wenn z. B. bei der schädlichen *Reblaus*
keine lebenden Jungen von den unbefruchteten Müttern geboren, sondern Eier abgelegt werden, die Abwechslung zwischen der jungfräulichen und der geschlechtlichen Zeugung
nach der Jahreszeit bleibt die gleiche.

Versuche haben gezeigt, daß bei einer gleichmäßigen Haltung der Wirtspflanze und der Blattläuse in Warmhäusern
die geschlechtliche Erzeugung der Wintereier und der ersten
Frühjahrsgeneration hinausgeschoben, daß sie umgekehrt
durch Anwendung von Kälte und schlechter Ernährung be-
schleunigt werden kann. Das zeigt vielleicht am besten, wie
wir in der Einschiebung zahlreicher unbefruchteter Generationen zwischen geschlechtlichen, die nur einmal im Jahre
auftreten, eine Anpassung an den Kreislauf des Jahres zu erblicken haben, und wie offenbar zur Überwindung der Schwierigkeiten der ungünstigen Winterszeit die sicherere Art der
Fortpflanzung, die geschlechtliche, herangezogen wird, die
im Sommer entbehrt werden kann.

Ganz ähnlich liegen die Dinge für die schon mehrfach bei anderer Gelegenheit erwähnten *Wasserflöhe (Daphnien)*. An ihnen spielen sich im süßen Wasser ähnliche Dinge ab wie an den Blattläusen auf dem Lande. Auch bei diesen Tieren überwintern sogenannte Winter- oder Dauereier, die in den „Sätteln" oder Ephippien (S. 127) eingeschlossen sind, auf dem Grunde der Gewässer regelmäßig in befruchtetem Zustande, und ebenso regelmäßig entschlüpfen ihnen Weibchen, die ohne Befruchtung Eier legen, aus denen immer wieder ebenso befähigte Weibchen entstehen. Das geht eine ganze Zeit so weiter, aber gegen den Herbst hin treten, erst selten, dann häufiger, Männchen auf, die die Weibchen befruchten, und die damit die Entwicklung der Wintereier anregen.

Endlich weisen auch die kleinen *Rädertiere* des Süßwassers und des Meeres in der größeren Zeit des Jahres Entwicklung nur durch weibliche Tiere, ohne Befruchtung, im Herbst dagegen Vorkommen von Männchen, und zwar den schon früher (S. 78) erwähnten Zwergmännchen auf, die sich mit den viel größeren Weibchen begatten und dann sehr bald sterben.

Einen regelmäßigen Wechsel zwischen geschlechtlicher und Jungfernzeugung nennen wir *Heterogonie;* nicht immer aber braucht dieser Wechsel zwischen beiden Fortpflanzungsarten so regelmäßig zu sein. Es kann, z. B. bei manchen Schmetterlingen, nur gelegentlich, natürlich besonders bei ausbleibender Begattung aus äußeren Umständen, zur Entwicklung unbefruchteter Eier kommen, so auch bei dem chinesischen Seidenspinner. Wenn bei solchen Arten die Männchen immer seltener würden und schließlich ganz verloren gingen, so sähen wir den Weg zu dauernder Jungfernzeugung zurückgelegt.

Eines Falles müssen wir aber hier noch ganz besonders gedenken, der uns am anderen Orte schon beschäftigt hat, nämlich der sehr eigentümlichen Verwendung jungfräulicher Zeugung bei der *Honigbiene*.

An anderer Stelle (S. 94) war schon beschrieben worden, wie es in der Macht der Königin steht, beim Legeakt die einzelnen Eier entweder befruchtet oder unbefruchtet in die Brutzellen zu leiten, und es war auch schon das erwähnt worden, was uns hier interessieren muß, daß die *Männchen* aus den unbefruchteten Eiern entstehen. Im allgemeinen liegt es nahe, daß bei längerer, Generationen lang währender jungfräulicher Zeugung immer wieder nur Weibchen entstehen, da eben das männliche Geschlecht ausgeschaltet ist. Hier bei der Biene tritt uns etwas ganz anderes und viel schwerer Verständliches entgegen, da hier zwar jedes Männchen die Fähigkeit hat, die Eier der Königin mit seinem Samen zu befruchten, aber selbst keinen Vater besitzt, sondern nur einen Großvater, da zwar seine Mutter, eine Königin, aus einem befruchteten Ei entstanden ist, das Männchen selbst aber nicht. Gründe für dies ganz besondere Verhalten wird man sich schwer klar machen können, und diese auf die Produktion von Männchen beschränkte Jungfernzeugung hat auch schon viele Forscher zum Nachdenken über ihre Ursachen und ihre Ziele veranlaßt, doch ohne greifbares Ergebnis.

Schließlich soll, obwohl am Rande des Planes dieser Darstellung liegend, noch die künstliche Anregung der Eientwicklung erwähnt werden, die durch die verschiedensten Eingriffe (Anstechen, Wärme, Elektrizität, Chemikalien) bei sehr verschiedenen Tierformen herbeigeführt werden konnte. Meist wurden solche Versuche an den Eiern wirbelloser Tiere, doch auch an Froscheiern erfolgreich ausgeführt. Sie zeigen, in wie weiter Verbreitung die Möglichkeit der Entwicklung des Eies ohne Befruchtung besteht; wir wissen aber nicht, warum unter natürlichen Bedingungen diese Möglichkeit nur bei bestimmten Tierformen ausgenützt wird, warum z. B. gerade die Gliederfüßler besonders dazu neigen, und nur wenig wissen wir über die äußeren Umstände, die diese Entwicklungsform auslösen. Ganz unklar bleibt der Fall der Honigbiene.

Eines aber soll noch besonders betont werden: Die Jungfernzeugung ist immer aus der geschlechtlichen abgeleitet, nie unabhängig von ihr entstanden zu denken. Wir müssen sie als eine geschlechtliche Fortpflanzung mit Wegfall des einen Geschlechts, und zwar immer des männlichen, betrachten. Sehr merkwürdig sind nun Vorgänge, die wir hauptsächlich unter den Insekten, aber auch in anderen Stämmen des Tierreiches antreffen, und über die noch einiges zu sagen sein wird. Es ist dies die Zeugung durch unbefruchtete weibliche Keimzellen in einem Zustande, den wir sonst als unreifen oder Larvenzustand bezeichnen würden.

Die Larvenzeugung (Pädogenese).

Bei einigen Mückenarten finden wir in den Larven reife Eier, die sich ohne Befruchtung entwickeln können, so daß also neben den erwachsenen Weibchen, die der Befruchtung durch die Männchen bedürfen, eine zweite fortpflanzungsfähige Generation auftritt, die von der gewöhnlichen wesentlich unterschieden ist. Ferner wird heutzutage eine andere Erscheinung hierher gerechnet, die früher unter einem anderen Gesichtspunkt betrachtet wurde, nämlich die Fortpflanzung bestimmter Generationen in der sehr verwickelten Entstehungsgeschichte schmarotzender Plattwürmer, die zu den *Saugwürmern* gehören.

Als das bekannteste hierhergehörige Beispiel kann der in unseren Huftieren häufig und mit schädlichen Wirkungen schmarotzende *Leberegel* gelten. Betrachten wir seine Entwicklung an der Hand der Abb. 44.

Der erwachsene Leberegel schmarotzt in den Gallengängen und dem Lebergewebe beim Schaf, Rind, aber auch bei den Einhufern, Pferd und Esel. Er ist ein verhältnismäßig großer, 3 bis 4 cm langer Plattwurm von etwa zungenförmiger Gestalt, zwittrig und durchaus auf·Befruchtung, und zwar durch Wechselbegattung, angewiesen. Aus den Eiern, die mit dem Kot des Wirtstieres abgehen, schlüpft eine kleine bewimperte Larve, die sich nur in feuchter oder flüssiger Umgebung bewegen kann. Sie ist sehr einfach gebaut und besitzt nur wenige Organe, darunter einen am Vorderende gelegenen Augenfleck und ein Paar einfach gebauter Nierenschläuche. Diese Larve entwickelt sich nur dann weiter, wenn sie von einer kleinen Wasserschnecke gefressen wird, deren Eigentümlichkeit es ist, daß sie nicht nur in Pfützen, Teichen usw., sondern auch in feuchtem Grase leben kann und daher Wan-

derungen auf die Uferwiesen vom Wasser aus unternimmt.
In die Leber dieser Schnecke dringt die Larve als Schmarotzer ein, und in ihrem Inneren beginnt nun ein sehr eigen-
tümlicher Entwicklungsvorgang, auf den wir unser Augen-
merk zu richten haben. Die ursprünglich winzige und bewegliche Larve schwillt zu einem plumpen Schlauch an, den man

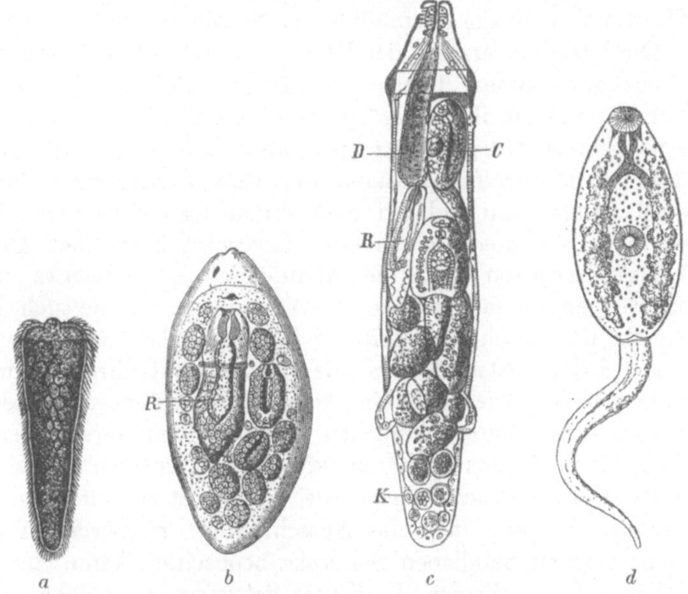

Abb. 44.   Entwicklung des Leberegels.   *a* erste Larve, *b* Sporozyste mit
Redien im Innern, *c* Redie mit Redie *R*, Cercarie *C* und Keimballen *K* im
Inneren. *d* die freie Cercarie. (Nach Leuckart).

als *Sporensack* bezeichnet und in dem einzelne Zellen sich zu
kleinen Larven entwickeln. Diese Zellen hat man früher für
etwas Ähnliches wie die pflanzlichen Dauerkeime oder *Sporen*
gehalten, die wir bei Pilzen und Farnen usw. finden. Es hat
sich aber immer mehr die Auffassung durchgesetzt, daß in
diesen Zellen, die sich zunächst zu Zellhaufen, den *Keimballen*, entwickeln, *Eizellen* zu erblicken sind, die sich in der
Larve unbefruchtet entwickeln. Aus den Eiballen werden kleine
Larven, die sich von dem Sporensack durch den Besitz eines

Darmes unterscheiden, und die nach einem großen italienischen Forscher des 17. Jahrhunderts, *Francesco Redi*, *Redien* genannt werden, in deren Innerem aber in ganz der gleichen Weise aus unbefruchteten Eizellen Keimballen und Larven heranreifen wie im Sporensack, nur daß sie nie wieder Sporensäcke, sondern nur Redien, oft in mehreren Generationen, oder eine andere Larvenform hervorbringen können. Sie wandern in die Atemhöhle der Schnecke ein.

Die letzte Generation der Redien erzeugt auf dem gleichen Wege ganz andere Geschöpfe, nämlich kleine, geschwänzte Larven, die in ihrem Körperbau bereits alle Organe des erwachsenen Leberegels zeigen, aber sich von ihm außer durch den unreifen Zustand der Geschlechtsorgane durch einen langen, muskulösen Schwanzanhang auszeichnen. Sie werden als *Schwanzlarven* oder *Cercarien* bezeichnet. Diese Larven verlassen nun die Atemhöhle der Schnecke und schwärmen in das umgebende Wasser aus, wo sie sich geschickt und rasch eine Zeitlang bewegen, sich dann aber an einen Pflanzenstengel oder dergleichen mit ihrem Mundsaugnapf festsetzen und eine kapselartige Hülle ausscheiden. Verschiedene Cercarienformen, die auch zu verschiedenen Saugwürmerformen gehören, kommen in unseren einheimischen Wasserschneckenarten vor, und es ist ein interessantes Schauspiel, wenn man das Ausschlüpfen der Cercarien aus einer solchen befallenen Schnecke beobachten kann. Sie erfüllen oft das Wasser als dichter Schwarm. Und doch müssen die meisten von ihnen zugrunde gehen, weil sie nun ihrerseits wieder in ein Wirtstier, den Endwirt — im Gegensatz zu der Schnecke, dem Zwischenwirt —, hineingelangen müssen. Das geschieht so, daß eines der erwähnten Huftiere den Pflanzenstengel abweidet, an dem die eingekapselte Cercarie sitzt. Im Magen des Wirtes wird die Kapsel aufgelöst, der Schwanz ist schon bei der Einkapselung abgeworfen worden, und so ist ein kleiner Leberegel entstanden, der in die Leber des Wirtstieres einwandert und dort geschlechtsreif wird und nun aus seinen Eiern wieder die Sporensäcke in Schnecken hervorgehen läßt, die ihrerseits wieder Redien und in diesen Cercarien erzeugen.

Wie seltsam und auf ganz bestimmte Lebensgewohnheiten
die Wirtstiere eingestellt die Entwicklung eines Saugwurmes
abgeändert sein kann, soll für sehr viele ein einziges Beispiel aus der heimischen Tierwelt zeigen. An Teich- und
Flußufern lebt auf feuchten Wiesen eine Landschnecke, die
aber stark zu gelegentlichem Wasserleben neigt, die Bernsteinschnecke. Wo sie, wie z. B. in der Elsteraue in Sachsen,
in größeren Mengen vorkommt, wird man gelegentlich Stücke
finden, die in einem oder beiden augentragenden Fühlern

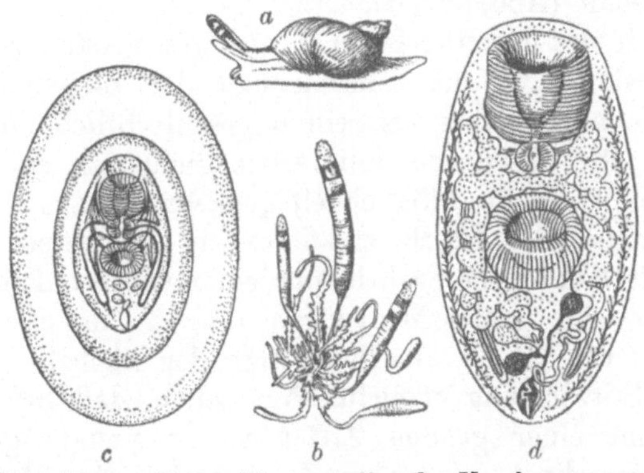

Abb. 45. Verschiedene Entwicklungsstadien des Vogelsaugwurmes. *a* Bernsteinschnecke mit dem umgewandelten Fühler, *b* der verästelte Keimschlauch
isoliert, *c* eingekapseltes Tier, reif zum Ausschlüpfen, *d* erwachsenes Tier
mit den beiden Saugnäpfen und einem komplizierten Geschlechtsapparat.
(Nach Goldschmidt.)

einen sehr bunten, rot, weiß und lebhaft grün gestreiften
Körper von Spindelform sehen lassen, der durch regelmäßige,
lebhaft pumpende Bewegungen auffällt und der sich zuweilen aus dem Fühler zurückzieht, aber nur, um später
wieder in ihn einzudringen und die Bewegungen zu wiederholen (Abb. 45a). Dies auffallende Gebilde (Abb. 45b) ist
ein Sporensack eines Saugwurms, der in erwachsenem und
reifem Zustande im Darme von Singvögeln vorkommt. Tief
im Innern der Schnecke, in ihrer Leber, sitzt das, was aus
der in die Schnecke eingedrungenen Wimperlarve geworden
ist, und die bunten Kolben in den Fühlern der Wirtin sind
nur lange Auswüchse des eigentlichen Sporensackkörpers,

der aber allmählich seine Bedeutung verliert und die reichlich — unter Umgehung der Rediengeneration — erzeugten Cercarien allmählich mehr und mehr in den bunten pulsierenden Fortsatz hineinschickt. Wenn ein Fink oder verwandter Singvogel nun eine so geschmückte Bernsteinschnecke sieht, so pickt er nach den bunten Fühlern und frißt sie mit ihrem Inhalt, der aus eingekapselten, in diesem Falle ungeschwänzten Cercarien besteht. So ist nun der Schmarotzer in den Darm des Endwirtes gelangt, in dem er dann seine Reife erreicht (Abb. 45 c, d).

Der Fall des Leberegels lehrt uns mit großer Eindringlichkeit, wie durch die Einschiebung der Zwischengenerationen, die man früher als rein ungeschlechtlich ansah, die man jetzt aber als durch Jungfernzeugung sich entwickelnd anzusehen pflegt, die Möglichkeit gegeben ist, aus einer einzigen Eizelle (des Geschlechtstieres) in mehreren Generationen, wie beim Leberegel, in nur einer wie bei dem Vogelsaugwurm, eine große Menge von jungen Tieren entstehen zu lassen, von denen allerdings nur der kleinste Teil das Ziel der Entwicklung erreicht. Wir sehen, daß bei Schmarotzern mit einer großen Ziffer von zugrunde gehenden Keimen gerechnet werden muß, und daß die Wege, auf denen trotzdem der Bestand der Art gesichert wird, sehr verschlungen sein können.

Was dagegen bei den Getreidegallmücken der Grund zu der Fortpflanzung im Larvenzustand gewesen sein kann, entzieht sich unserer Beurteilung, da es sich hier um sehr viel einfachere Formen des Schmarotzertums — an Pflanzen — handelt, bei denen die Vernichtungsziffer der sich entwickelnden Keime zweifellos viel geringer ist als bei den Binnenschmarotzern in Tieren, noch dazu mit Wirtswechsel.

Die Frühzeugung (Neotenie).

Mehr nebenbei soll hier erwähnt werden, daß mit der Larvenzeugung mittels unbefruchteter Keimzellen nicht verwechselt werden darf die nicht ganz selten vorkommende Reife von Larven in beiden Geschlechtern (Frühreife, Neotenie). Das bekannteste Beispiel hierfür ist der *Axolotl*, ein mexikanischer Molch, den wir zwar sehr häufig in der geschlechtsreifen, im Wasser lebenden Larvenform, aber nur sehr selten in der ausgewachsenen Landform in Deutschland zu sehen bekommen.

Der erwachsene Axolotl ist ein Tier, das, ähnlich wie unser Feuersalamander, auf dem Lande lebt, Luft durch Lungen atmet und einen drehrunden Schwanz besitzt. Die frühreife Larvenform hat einen seitlich abgeplatteten Ruderschwanz und, wie sonst die Molchlarven allgemein, aber nur wenige Arten, die Dauerkiemer, während des ganzen Lebens, gefiederte, außen hinter dem Kopf beiderseits weit hervorhängende Kiemen, die der Atmung im Wasser dienen. Man hat lange Zeit nicht geahnt, daß der bekannte, eben beschriebene, im Handel überall erhältliche Axolotl unserer Aquarien einer Verwandlung überhaupt fähig ist, und es erregte daher nicht geringes Aufsehen, als es zum erstenmal gelang, Axolotl durch Darbietung besonders günstiger Bedingungen zum Verlassen des Wassers zu bringen. Dabei erlebten die Tiere die gleichen Veränderungen, wie sie sonst Lurchlarven bei dem Übergang zur Landlebensweise mit der Beendigung ihrer Verwandlung durchmachen. Und in der Tat verhält sich die wasserlebende Form des Axolotl zu der Landform wie eine Molchlarve von ungewöhnlicher Körpergröße (wie sie ausnahmsweise auch bei anderen Lurchen vorkommen), bis auf den einen Unterschied, daß diese Larvenform geschlechtsreif wird.

Im Falle des Axolotl können wir uns von den Ursachen, die zur Erwerbung dieser Frühreife geführt haben werden, ein ziemlich klares Bild machen, weil wir die besonderen Lebensbedingungen kennen, unter denen der kiementragende, fortpflanzungsfähige Molch in seiner Heimat lebt. In Teichen, deren Ufer steil ansteigen und das Auswandern der Larven auf das Land am Ende ihrer Entwicklung verhindern, bleibt diesen nichts übrig, als entweder zugrunde zu gehen oder im schwimmfähigen Zustande reif zu werden. Nun wäre mit diesem Zustand sehr wohl ein Schwund der Kiemen vereinbar, aber es ist eben ein besonderes Merkmal der Frühreife, daß, bis auf Größe und Geschlechtsreife, alle Larvenmerkmale beibehalten werden. In den letzten 20 Jahren ist es gelungen, zu zeigen, daß bei Fütterung mit *Schilddrüse* die geschlechtsreife Larvenform des Axolotl jederzeit zur Verwandlung in die Landform veranlaßt werden kann.

Ehe diese unter bestimmten Umständen erzielbare Umwandlung des reifen, aber kiementragenden Axolotl in den gleichfalls reifen, lungenatmenden bekannt war, wußte man nicht, daß die Landform sich als zu einer längst bekannten Gattung von Molchen (*Amblystoma*) gehörig herausstellen würde, da man für die *frühreife Larvenform* einen besonderen Gattungs- und Artnamen (*Siredon pisciformis*) aufgestellt hatte. Von mancher Seite werden die oben kurz erwähnten Dauerkiemer unter den Molchen, zu denen auch der Olm der Karstgrotten als bekannteste Art gehört, als frühreife Larvenzustände wie der des Axolotl betrachtet, die dauernden Artcharakter erworben hätten. Ob dies in vollem Umfange gilt, sei dahingestellt; jedenfalls aber wäre der kiementragende Axolotl ohne die besprochenen Erfahrungen gleichfalls für eine zu dieser Gruppe der Dauerkiemer zu rechnende Art gehalten worden und hätte seinen richtigen Platz unter den verwandten Arten niemals finden können.

Im Gegensatz zur Jungfernzeugung im Larvenalter (Pädogenese) ist also die Neotonie oder Frühreife durch Zweigeschlechtlichkeit gekennzeichnet, und sie wurde des Gegensatzes wegen in diesem Zusammenhange an dieser Stelle besprochen.

Die ungeschlechtliche Fortpflanzung.

Alle bisher besprochenen Vorgänge gehören in das Gebiet der geschlechtlichen Fortpflanzung, selbst wenn die Tätigkeit des männlichen Geschlechtes fortgefallen ist. Neben diesen Vermehrungsformen durch Geschlechtszellen kommen im Tierreiche aber auch oft andere vor, die nicht auf der Entwicklung weiblicher Keimzellen beruhen und die neben geschlechtlicher Vermehrung zur Erhaltung der Art dienen. Denn vielzellige Tiere mit rein ungeschlechtlicher Fortpflanzung sind nicht bekannt. Es liegt nicht im Plane dieser

Darstellung, diese Vorgänge ausführlich zu schildern, deren Besprechung einen zu breiten Raum einnehmen würde. Ganz kurz soll nur auf die Beziehungen zwischen geschlechtlicher und ungeschlechtlicher Vermehrung eingegangen werden.

Wir kennen verschiedene Formen ungeschlechtlicher Fortpflanzung, die wir in der Hauptsache als Teilung, Knospung und Keimkörnerbildung unterscheiden. Ihnen allen ist ge-

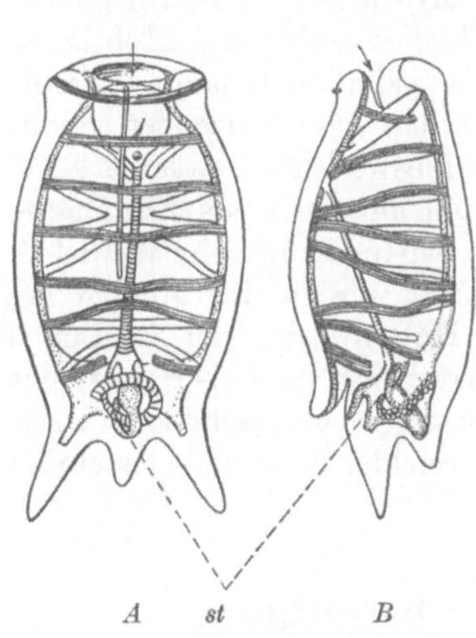

Abb. 46. Einzelsalpe mit dem Stolo prolifer. *A* von oben, *B* von der Seite, *st* Stolo, der zur Kettenform wird. (Nach Goldschmidt.)

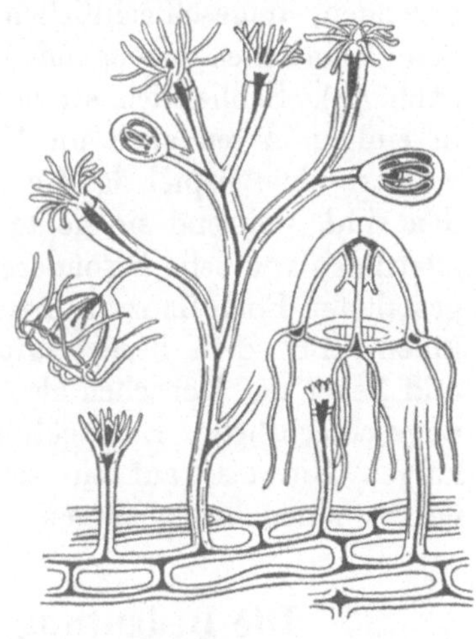

Abb. 47. Polypenstock mit knospenden Quallen, rechts eine solche freischwimmend. (Nach Goldschmidt.)

meinsam, daß die Bildung eines neuen Organismus nicht von Keimzellen, sondern von gewöhnlichen Körperzellen ausgeht. Im allgemeinen findet sich ungeschlechtliche Vermehrung nicht bei hochentwickelten Tierstämmen, sondern vor allem bei Hohltieren, Würmern und Moostieren, dort aber in weiter Verbreitung, oft mit Stock- oder Koloniebildung vereinigt. Die ungeschlechtlichen Entwicklungsvorgänge können anscheinend regellos zwischen geschlechtlichen, in anderen Fällen aber in regelmäßigem Wechsel mit ihnen auftreten. Man spricht dann von einem *Generationswechsel,* wenn geschlechtliche und ungeschlechtliche Form, im Bau voneinander verschieden, einander in regelmäßiger Folge ablösen (Abb. 46). Nur wenige Beispiele sollen hier angeführt werden: der Dichter *Adelbert von Chamisso* entdeckte auf einer Seereise, daß die meerbewohnenden, schwimmenden durchsichtigen *Salpen* als ungeschlechtliche Einzeltiere und als zu Ketten vereinigte, zwittrige Geschlechtsformen auftreten. Vielleicht noch bekannter ist der Generationswechsel zwischen festsitzenden, ungeschlechtlichen Polypen und freischwimmenden, Keimzellen erzeugenden *Quallen* unter den Hohltieren (Abb. 47). Schließlich sei noch erwähnt, daß lange Zeit die in einigen Arten auch im Menschen schmarotzenden *Bandwürmer* als Beispiel des Generationswechsels betrachtet worden sind, während sie heute wohl allgemein als Einzeltiere, allerdings von sehr besonderem Bau und mit sehr verwickelt gestalteter Fortpflanzung betrachtet werden. Bei einigen von ihnen, z. B. dem berüchtigten Hülsenwurm, der in Lunge und Leber des Menschen als Larve haust, sind aber zweifellos ungeschlechtliche Entwicklungsstadien eingeschoben. Diese kurzen Hinweise auf ein sehr reichhaltiges und fesselndes Gebiet sollen hier genügen.

Die Bedeutung der Befruchtung.

Wir haben in den letzten Abschnitten gesehen, wie die ungeschlechtliche Fortpflanzung in ihren mannigfachen Erscheinungsformen zwar an verschiedenen Stellen des Tierreiches auftritt und in dem Lebenskreis ganzer Gruppen eine große Rolle spielen kann; betrachten wir das Tierreich als Ganzes, so werden wir aber doch sagen müssen, daß die ungeschlechtlichen Vermehrungsvorgänge längst nicht die Rolle spielen wie im Pflanzenreiche, und daß alles in allem doch immer wieder die Fortpflanzung durch Keimzellen (und zwar im allgemeinen durch befruchtete, viel seltener und wohl kaum ausschließlich durch unbefruchtete Eier) sich als diejenige Form der Zeugung erweist, die die größte Verbreitung hat und bei den höchstentwickelten Stämmen des Tierreiches entweder alleinherrschend ist, wie bei den Wirbeltieren und Weichtieren, oder doch überwiegend, wie bei den Gliederfüßlern, die allerdings die meisten Beispiele der jungfräulichen Zeugung bieten.

Insbesondere lassen uns gerade diese Gliederfüßler, Insekten und Krebse, erkennen, wie in den Fällen der Heterogonie die Sorge für die Erhaltung der Art über die schlechte Jahreszeit, also über ungünstige Außenbedingungen hinweg, den Männchen mit übertragen wird, so daß der Gedanke naheliegt, die befruchteten Eier seien eine sichere Gewähr für den Artbestand.

Wir sahen ferner, daß die Natur die verschlungensten Wege nicht scheut, um die Vereinigung der beiden Geschlechtszellen, Ei und Samenzelle, oft unter großen äußeren Schwierigkeiten und auf Umwegen zu ermöglichen.

Also muß doch wohl die erprobte, sicherste Art der Vermehrung für die Tiere die geschlechtliche Zeugung sein. Weshalb Dauereier befruchtet sein müssen, weshalb die Sommergenerationen auf die Befruchtung verzichten können, wissen wir ebensowenig, wie wir uns Gründe dafür vorstellen können, warum gerade ganz bestimmte Tiergruppen zu ungeschlechtlicher und jungfräulicher Zeugung neigen.

Einen Vorteil der geschlechtlichen Zeugung können wir aber verstehen, und das ist die Möglichkeit, mit jeder Befruchtung in der Keimzelle, die ein neues Tier werden soll, *Neues* hervorzubringen, wodurch das entstehende Tier sich von seinen Eltern und Geschwistern unterscheidet. Um uns das ganz klar zu machen, müssen wir uns noch einmal vergegenwärtigen, daß vor der Befruchtung sowohl Ei- wie Samenzelle die Hälfte ihrer Kernsubstanz abgegeben haben, daß also bei dem Aufbau des neuen Befruchtungskernes in der Tat eine völlig neue Zusammensetzung seiner Bestandteile erfolgt, natürlich innerhalb der Artgrenzen. Damit wird innerhalb der Art die Erbmasse, die das Einzelwesen von den Eltern erhält, jedesmal anders gruppiert, und nur so ist die Abweichung der einzelnen Angehörigen einer Art möglich, die wir am besten am Menschen und an unseren Haustieren studieren können. So wird unter der Einwirkung der Befruchtung das Artbild immer wieder neu hergestellt, aber es tritt auch immer wieder in Einzelheiten, in der Zusammensetzung der väterlichen und mütterlichen Erbmerkmale, in etwas anderer Form auf, und diese Verschiedenheit der Einzelwesen ist etwas, was auf die Geschichte der Art im ganzen von wesentlichem Einfluß sein muß.

Es wird, außer bei Zwittertieren, die Art in zwei Formen von Lebewesen gespalten, die zusammen erst das Artbild herstellen, und wie weit diese beiden Formen in Gestalt und Lebensweise voneinander abweichen können, dafür haben wir Beispiele genug kennengelernt.

Alles, was wir an zum Teil die kühnste menschliche Phantasie übersteigenden Leistungen der Tiere kennengelernt haben, an Erscheinungen, die durch die Zusammenarbeit der Geschlechter zum Zwecke der Zeugung bedingt sind, an Leistungen für die Pflege der Brut innerhalb und außerhalb des Tierkörpers, dient immer nur dem einen Zweck, die Entwicklung der Einzelwesen und damit die Erhaltung der Art sicherzustellen. Gerade in diesen Tätigkeiten der tierischen Organismen aber zeigt sich wie kaum anderswo die Fülle der Lebenserscheinungen, und wenn auch für das einzelne Tier einer Art zunächst die Erhaltung des eigenen Lebens die Aufgabe zu sein scheint, die seine Organe zu erfüllen haben, so ist doch das Einzeltier immer nur ein unbedeutendes Glied in der Kette der aufeinanderfolgenden Generationen seiner Art, und die Erhaltung dieser Art steht überall im eigentlichen Vordergrunde des Lebens. Auf sie zielen in letzter Linie alle Lebenstätigkeiten, auch die Erhaltung des Eigenlebens für eine begrenzte Zeitspanne, hin, und so ist es nicht allzu verwunderlich, wenn wir eben für die Handlungen, die der Arterhaltung dienen, die größte Mannigfaltigkeit an Organbildungen, aber auch an Leistungen dieser Organe aufgewandt sehen.

Das Einzelwesen einer tierischen Art lebt also nicht für sich selbst, sondern es lebt für seine Nachkommen, und wenn wir für diese wichtigste Tätigkeit des tierischen Lebens, die Arterhaltung, nicht einen einheitlichen Plan verwirklicht sehen, sondern gewissermaßen die Natur bei immer neuen, oft tastenden Versuchen belauschen konnten, andere Wege in den verschiedenen Gruppen des Tierreiches einzuschlagen,

die immer wieder zum gleichen Ziele führen, so ist das wohl
verständlich aus dem verschiedenen Bau und der verschiedenen Lebensweise dieser Gruppen. Ob aber Tiere im Meere
oder im süßen Wasser, ob sie auf dem Lande, ob sie frei
oder in und an anderen Tieren oder an und in Pflanzen als
Schmarotzer wohnen, so vielgestaltig der Stoff ist, mit dem
die Natur arbeiten muß, sie findet immer die Wege, jede
einzelne Art so lange lebend zu erhalten, wie sie unter den
gegebenen äußeren Bedingungen bestehen kann. Denn auch
dem Bestande einer Art sind Grenzen gezogen. Das lehrt uns
das Vorkommen ausgestorbener Tierformen alter erdge-
schichtlicher Zeiträume, die spurlos untergegangen wären,
wenn nicht ein günstiges Geschick uns ihre Überreste in der
Erdrinde aufbewahrt hätte. Und von zahllosen untergegange-
nen Arten ist sicherlich nichts auf uns gekommen.

Bis einmal die Erde nicht mehr für tierische Wesen be-
wohnbar sein wird, wird aber der große Vorgang des Art-
lebens, das Sterben der einzelnen Generationen und das Auf-
blühen immer neuer seinen Fortgang nehmen, unter den
mannigfaltigen Erscheinungen, aus deren Fülle dieses Büchlein einen Ausschnitt geben wollte.

Sachverzeichnis.

Streifzüge durch die Umwelten von Tieren und Menschen. Ein Bilderbuch unsichtbarer Welten. Von Professor Baron J. Uexküll und G. Kriszat. („Verständliche Wissenschaft", Band XXI.) Mit 59 zum Teil farbigen Abbildungen. X, 102 Seiten. 1934.
Gebunden RM 4.80

Umwelt und Innenwelt der Tiere. Von Professor J. Baron Uexküll. Zweite, vermehrte und verbesserte Auflage. Mit 16 Textabbildungen. VI, 224 Seiten. 1921.
RM 9.—*

Theoretische Biologie. Von Professor J. Baron Uexküll. Zweite, gänzlich neu bearbeitete Auflage. Mit 7 Abbildungen. X, 253 Seiten. 1928.
RM 15.—*

Aus dem Leben der Bienen. Von Professor Dr. K. v. Frisch, München. Zweite Auflage. („Verständliche Wissenschaft", Band I.) Mit 96 Abbildungen. X, 160 Seiten. 1931.
Gebunden RM 4.80*

Die Welt der Sinne. Eine gemeinverständliche Einführung in die Sinnesphysiologie. Von Professor W. v. Buddenbrock, Kiel. („Verständliche Wissenschaft", Band XIX.) Mit 55 Abbildungen. VI, 182 Seiten. 1932.
Gebunden RM 4.80

Theoretische Biologie vom Standpunkt der Irreversibilität des elementaren Lebensvorganges. Von Professor Dr. Rudolf Ehrenberg, Privatdozent für Physiologie an der Universität Göttingen. VI, 348 Seiten. 1923.
RM 9.—*

Begriff und Bedeutung des Zufalls im organischen Geschehen. Von Privatdozent Dr. Günther Just, Greifswald. Mit 3 Abbildungen. 26 Seiten. 1925.
RM 1.50*

Der psychische Ursprung des Lebens. Erkenntnis oder Glaube? Von Professor Dr. H. Braun, Geheimen Medizinalrat. 45 Seiten. 1931.
RM 2.40

Mechanismus — Vitalismus — Mnemismus. Von Professor Dr. Eugen Bleuler, Zürich. („Abhandlungen zur Theorie der organischen Entwicklung", Heft VI.) III, 148 Seiten. 1931.
RM 9.90

** Auf die Preise der vor dem 1. Juli 1931 erschien. Bücher wird ein Notnachlaß von 10 % gewährt.*